科学全知道系列

红精灵，什么是细胞啊

［韩］裴净吾◎著

［韩］金住京◎绘

千太阳◎译

吉林科学技术出版社

序言

构成我们身体的细胞就像精灵！

肉眼看不到的细菌和庞大的大象有什么共同之处呢？

答案是它们都是由一个细胞开始形成的，地球上所有的生命体都是如此。细菌和大象的不同点就在于细菌是由一个细胞构成的，而大象这种大型动物是由无数个细胞构成的。当然，人体也是由细胞构成的，人的大脑、心脏、皮肤、肌肉等器官或组织都是由细胞构成的，而且这些都是由一个叫受精卵的细胞经过无数次的分裂形成的。

细胞可以吸收营养，生产身体所需要的物质，储存各种信息，甚至还可以自己分裂出新的细胞。细胞虽然很小，但其构造却非常复杂。不过，我们不用担心，因为它们都秩序井然地坚守在自己的岗位上——细胞和细胞里的小组件为了维持生命体的正常活动而共同努力着。

《红精灵，什么是细胞啊》用简单而有趣的语言，将复杂的细胞知识以科学童话的方式描述了出来。童话里的精灵世界和细胞里的小组件有很多相似之处。虽然细胞会做很多事情，但不了解细胞就不能很好地利用它。这本书的读者中，或许还有想成为生命科学家的小朋友，有这种理想的小朋友可以将这本书多读几遍，因为本书中有很多重要的生物学知识。如果小朋友们跟随红精灵去认识那些多才多艺的小细胞们，就能对细胞的种类和功能有一定的了解。21世纪是生命科学的时代，而在生命科学的研究中，对细胞的研究无疑是最为主要的。因为，对细胞里遗传物质的研究、对顽固病症的研究，其本质就是对细胞的研究。

如果缺乏好奇心，科学就无法进步。希望通过这本书，能增强小朋友们对生命科学的好奇心，并在未来成为研究生命科学的主角。最后，我期待有一天能在研究生命科学的道路上与小朋友们相会。

目录

细胞，现身吧

我们身体里的细胞故事

哈库拉玛塔塔！实现我的愿望吧

这是放暑假前的最后一天，天气非常炎热，班里的同学们正围在哲民周围，兴致勃勃地听他讲述如何召唤出能帮助自己实现愿望的神秘精灵的方法。

“只要用乐高积木拼出精灵的脸就可以了，模样不重要，但是一定要把头上的角和眼睛拼出来。然后双手做出祈祷的手势，并念出咒语‘哈库拉玛塔塔！实现我的愿望吧！’要注意的是，发音一定要准确，并且一定要在午夜12点整的时候说出咒语，精灵才会出现。”

坐在哲民旁边的振石说道：

“这次真的能行吗？上次你说的点着蜡烛看鬼的方法，根本不管用。还害得我在打瞌睡的时候被蜡烛烧着了头发，妈妈都批评我了。”

“这次是真的，我都试过了，真的会有精灵出现。不信你可以自己试试嘛。”

“好吧。这次再不行的话，你要送我10张数码宝贝卡！”

“那好，如果我的方法灵验，真的把精灵召唤出来了，你就要送给我10张哦。”

“好，一言为定。”

那天晚上11点45分，振石瞒着妈妈，悄悄地从床上爬起来，用蓝色的积木拼出了精灵的脸，用红色的积木拼出了精灵的角，但是，拼精灵

眼睛的绿色积木只剩下一个了，只能拼出一只眼睛。

“哎！只有一只眼睛的话，是召唤不出精灵的啊。”

振石很沮丧，而且十分生气，于是将积木扔在了地上。突然间，床下冒出了绿色的荧光。振石十分好奇，弯下腰看了看床底下，原来是一块散发着绿色荧光的积木。这块积木和其他积木不一样，颜色看起来比较奇怪，最奇怪的是它的两个凸起的部位好像还被剪去了一些。振石感到有些害怕，但是想早点儿见到精灵的急切的好奇心驱使他将这块积木安装到

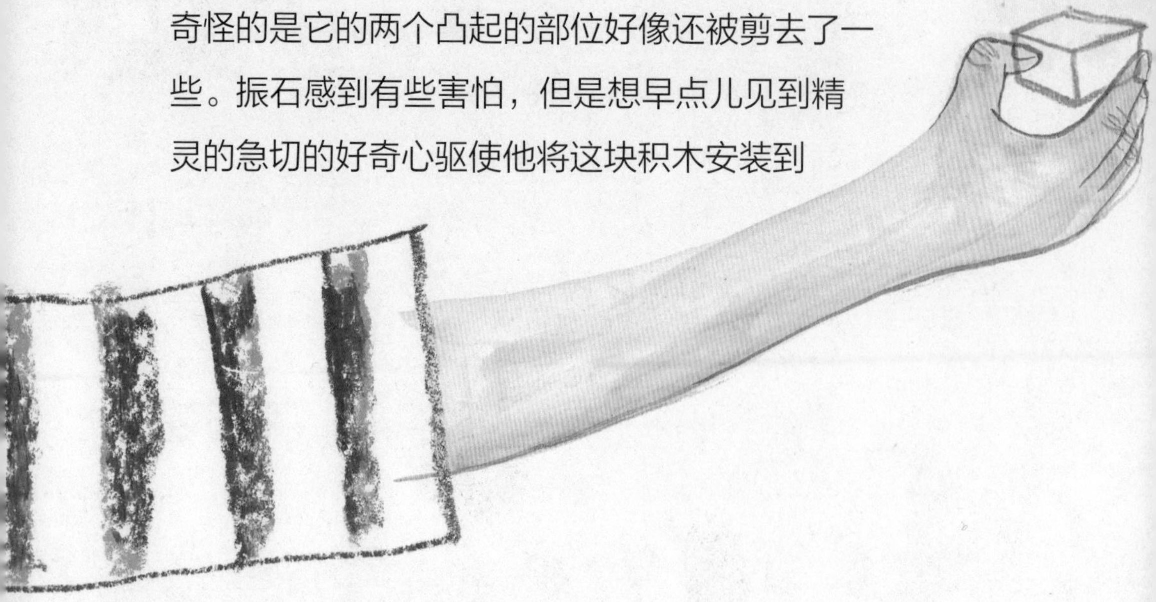

了精灵右眼的位置。这时候，时钟正好指向了12点。振石双手合十并闭上了眼睛，像在祈祷一样。

“哈库拉玛塔塔！实现我的愿望吧！”

振石一字一句地念完咒语后，安装在精灵眼睛上的绿色积木发出了耀眼的光芒。振石虽然闭着眼睛，但如此强烈的光，他还是能感觉到的，于是他赶紧睁开了眼睛。

“精灵这次终于出现了啊！”

但他一睁眼，光芒就消失了。三分钟后，精灵还是没有出现。振石失望了，努力回想到底哪里出了问题，是不是因为自己的发音不对。

“再等30分钟，还不出来明天就去跟哲民要数码宝贝卡。”

时间一分一秒地过去了，精灵仍然没有出现。在旁边等待的振石困极了，最后倒在床上睡着了。

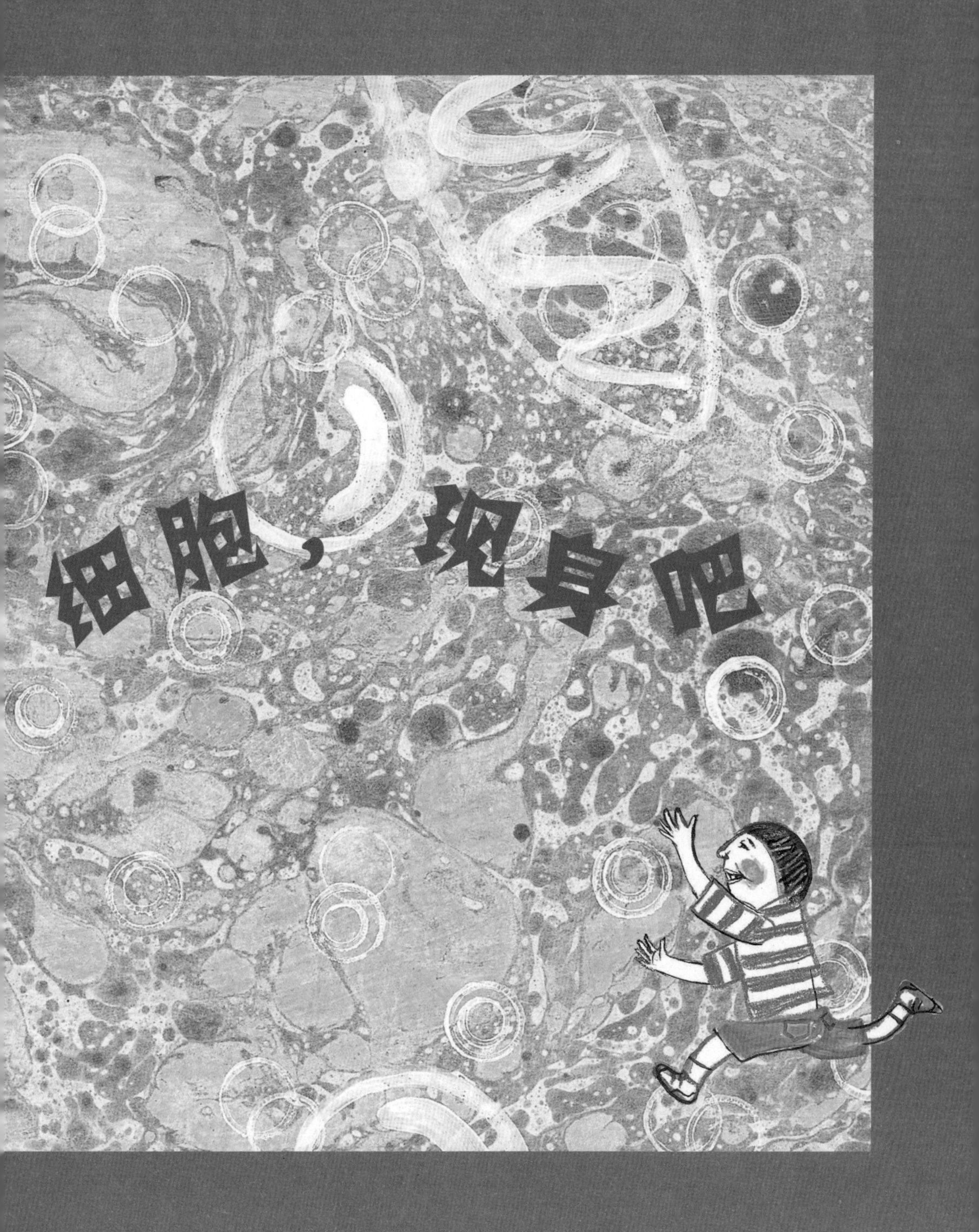
细胞，现身吧

梦中出现的红精灵

振石睡着了，而且还做了一个梦，那个梦就发生在他自己的房间里……

他的眼前出现了一个精灵，但那个精灵并不是用积木拼成的“精灵脸”，而是瞪着大眼、拿着狼牙棒的精灵。那个精灵身体十分庞大，全身长着红红的毛发，指甲又尖又长，十分吓人。

可怕的精灵挥舞着狼牙棒问：“你是什么人，竟敢把我召唤出来！你是怎么知道让我现身的方法的？”

振石吓得瑟瑟发抖，连回答的声音都是颤抖的：“是我的朋友告诉我的，他说这个方法可以召唤出能实现愿望的精灵。”

听完振石的话，精灵皱着眉头，挥舞着狼牙棒吼

道：“什么？实现愿望的精灵？我睡得正香，却被你吵醒了。既然你不让我睡觉，那你就受受苦吧！”

振石吓得不知如何是好。他还没来得及给自己辩解，精灵就用积木狼牙棒狠狠地敲了敲他的脑袋。结果，振石的身体全散架了，变成了一块一块的积木。振石吓坏了，拼命想抓住精灵，对它说些什么。但是，振

石变成了这样，什么话也说不出来。精灵又用狼牙棒敲了敲积木，结果散落的积木又组合在一起，拼成了振石。振石不禁哇哇大哭起来，害怕地对精灵说："我知道错了。我再也不会叫你出来了，求你不要再把我变成积木了。变成积木我就再也见不到爸爸妈妈和朋友们了。"

"小子，看来你还是没受够苦啊。你的身体和一块一块的积木没有什么不一样。我要继续教训你，直到你明白自己错在哪里为止。"

精灵刚一举起狼牙棒，振石就用胳膊抱住了头。但是，狼牙棒还是打中了振石，振石的身体又变成了一块一块的积木。可能这个精灵十分喜欢玩这种分离再重新组合复原的游戏，在精灵不断敲打的过程中，振石的身体不断地变成积木，再不断地复原。

每次振石的身体复原时，他都哭着哀求精灵饶了自己。可精灵好像没听见振石的哀求一样，只是不断地重复着敲打的动作。精灵连续敲打了数十下后才停了下来。

精灵问正在哭泣的振石："你很讨厌我吗？"

振石哭着点了点头。精灵的脸上闪过一丝失望的表情，随后又生气地说：

“是吗？那我只好返回精灵世界了，但有个条件，我在你家里的各个角落都藏了附有我灵魂的积木。你每答对一个我问的问题，我就告诉你一个藏着积木的地方。你只有把所有的积木都找到，然后拼起来，我才能重新回到精灵世界。”

听了这话，振石立刻停止了哭泣，十分好奇地问道：

“难道你不能自己拼起来吗？”

“蠢货，如果我能自己拼起来的话，我早就回到精灵世界啦。我把灵魂放进了积木中，灵魂被分散成了一块块的，所以错过了回精灵世界的时机。你愿意帮我回到精灵世界吗？”

振石立即点头表示愿意。

精灵做出悲伤的表情说：“好，那我说第一个问题啦。”

振石特别想知道精灵为什么会伤心，但是却不敢问。

“刚才，我把你变成了积木。你要想清楚，我为什么把你变成积木。下次见面时，如果你还没有搞清楚的话，就得小心一辈子都得变成积木。我给你一个提示——就是刚才我说的，你的身体和积木没有什么不一样。还有，你不能和任何人说你见到过我！如果说出去的话，有你好看！”

突然，精灵瞪着它那可怕的眼睛大喊道：“呀！”它还高高地举起那根狼牙棒，像要马上砸下来似的……

我们都是由细胞组成的·细胞是什么

“啊，为什么又打我？”

振石被吓醒了。墙上的挂钟时针正好指向8点方向。

振石还在回想刚刚做的梦，那个梦那么真实，让人想想都害怕。

“精灵说，我的身体和积木是一样的。怎么可能呢？我的身体和积木有什么联系，精灵怎么会问这种问

题呢？”

振石绞尽脑汁也没想出答案，于是他去找正在厨房做饭的妈妈，抓住她的围裙问：

“妈妈，我是从哪里来的啊？”

“你是我从桥底下捡来的啊。”

听到妈妈的答案，振石的脑袋里浮现出了皱着眉头的红精灵。振石焦急地问：

“我问我是用什么做出来的啊？精灵说我的身体和积木……呃！”

话还没说完，振石就急忙用手捂住了自己的嘴，因为他想起了精灵的警告。他又对妈妈说：

“不是，我说的是，我房间里的那个精灵脸不是用积木做的吗，那我的身体是用什么做的呢？妈妈不是生物老师吗，应该知道的啊。”

如果是平时的话，妈妈一定会把振石教训一顿，然后继续做饭。但是，今天妈妈一反常态地看着他，疑惑地说：

“平时我说什么都不听、不肯学习的家伙，今天这是怎么了？还有，什么精灵？”

看到妈妈并没有回答自己的问题，而只是用奇怪的表情看着自己，振石急得像热锅上的蚂蚁。妈妈看到振石这个样子，突然意识到这是一个向他传授知识的好机会。妈妈坐在餐桌前，想着应该和振石说些什么。突然，妈妈“啪”地拍了一下巴掌说：

“不知道这是不是你想知道的。你做的机器人和精灵脸是积木拼成的，而我们的身体是由细胞组成的。换句话说，积木组装在一起变成了机器人，变成了精灵脸，同样的道理，人是由许多细胞‘组装’成的啊。这些细胞就相当于一块块积木。”

听了妈妈的话，振石觉得很有道理，他肯定这就是正确答案。他忍不住又接着问：

“妈妈，那细胞是什么啊？”

“细胞是组成生物的基本单位。细胞是活着的，它可以呼吸、吸收养分、制造能量。我们的身体、小动物的身体、银杏树的枝干都是由活着的细胞组成的。”

振石虽然没有完全理解妈妈的话，但他脑海里浮现出了与积木差不多的各种细胞堆在一起变成自己的身体的画面。

想到这里，振石变得高兴起来。

我们身体里的小房子·细胞的发现

听完妈妈的话，振石忍不住盯着自己的手背看。他想：既然身体是由细胞组成的，那么仔细看的话，是不是就能看到细胞了呢？他皱着眉头，紧盯着自己的手背。

“妈妈，这是细胞吗？若隐若现的细线分成的小格子。”

妈妈听完振石的话，笑着摸了摸振石的头，说道：“那不是细胞，那不过是手背上的细纹而已。细胞太小了，我们是不可能用肉眼看到的。细胞虽然大小不同，但平均大小只有约20微米。1微米是1米的

一百万分之一，现在你知道它有多小了吧。所以，细胞是不可能用肉眼看到的，只能用显微镜等特殊仪器才能观察到。”

要是以往的话，振石的注意力和耐心到这时就应该用尽了。但是，今天振石却继续认真地听着妈妈的讲解。

如果回答得比精灵问的更多，红精灵会不会多告诉他几处积木放置的地方呢？振石这样想着。如果真是那样的话，就可以早点儿送可怕的红精灵回家了。

“妈妈，那细胞是谁最先发现的啊？”

“振石啊，以前你不是在百货商

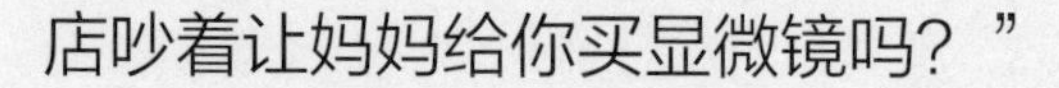

店吵着让妈妈给你买显微镜吗？”

“哎呀，妈妈怎么非得提这么丢人的事儿。”振石心里这样想着，红着脸点了点头。

“第一个发现细胞的人是三百多年前的英国人罗伯特·胡克（Robert Hooke，1635—1703）。胡克当时用的显微镜虽然和你在商场看到的不一样，但是，用镜片放大物体的原理是一样的。胡克将葡萄酒瓶上的软木塞切成小薄片，放在显微镜下观察。结果，他发现了许多像星星一样聚集在一起的物质。胡克将它们命名为‘cell’，这个单词在英语中是‘小房子’的意思。”

听到妈妈说起显微镜，振石就想看一看显微镜。振石一边听着妈妈的话，一边向自己的房间望去，因为房间里放着一台显微镜。

但是，振石一看却吓了一大跳。那是什么，是红精灵吗?

透过门缝，振石隐约看见了表情凶恶的红精灵，它正挥舞着那根积木狼牙棒。红精灵正在悄悄偷听着妈妈和振石的谈话。看到了红精灵，振石吓得再也听不进妈妈的话了。

大象和老鼠的身体里什么是一样的·细胞的大小和数量

振石吓得瑟瑟发抖，因为红精灵不只在梦中出现，在现实中也出现了。吃早饭的时候，振石总感觉红精灵在一旁偷看他。平时，他总是不满意妈妈做的饭菜，对妈妈发牢骚，可今天却异常安静，连妈妈都觉得非常惊讶。当妈妈确认振石的确吃完了早饭后，就匆匆忙忙地上班去了。

妈妈出门后的一段时间里，一直没有出现什么状况。于是，振石蹑手蹑脚地走进了自己的房间。

“红精灵，你在这里吗？”

振石小心翼翼地叫了几声，却没收到任何回应。

于是，振石朝着用积木拼成的精灵脸

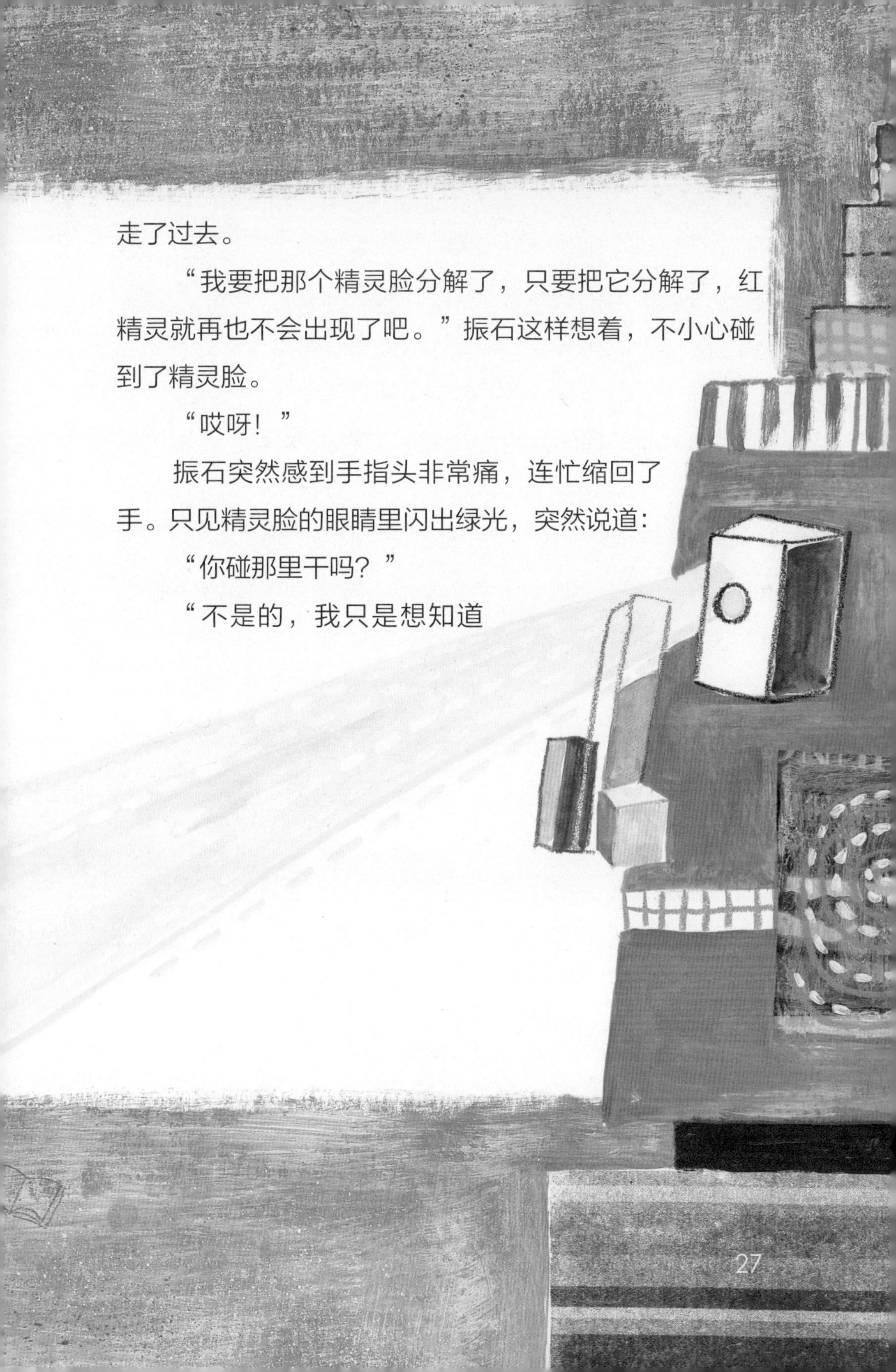

走了过去。

“我要把那个精灵脸分解了，只要把它分解了，红精灵就再也不会出现了吧。”振石这样想着，不小心碰到了精灵脸。

“哎呀！”

振石突然感到手指头非常痛，连忙缩回了手。只见精灵脸的眼睛里闪出绿光，突然说道：

“你碰那里干吗？”

“不是的，我只是想知道

您过得好不好。”

“小子！你是想把这个精灵脸给分解了吧。可恶的小子！别以为我不知道。像你这样的小毛孩儿还想骗我，你以为我不知道你在想什么。就算你知道了更多问题的答案，我也不会告诉你更多的藏有积木的位置！”

红精灵正在他背后，好像读懂了振石的想法，这可把振石吓坏了。但是，这些答案是振石忍着不耐烦的情绪好不容易从妈妈那儿得到的，所以振石也有些恼火了。

“我都这么努力地去寻找答案了，你难道就不能多告诉我一个藏着积木的地方吗？”

“不行，臭小子。既然约定了就要按约定的做。你要是继续磨蹭的话，我就用积木狼牙棒再给你按摩按摩。”

“呃！”

振石虽然还想继续缠着红精灵，打听藏积木的地方，但是他太怕红精灵手中的积木狼牙棒，只好忍着不开口。

红精灵接着说道：“我不仅可以知道你的想法，还可以控制你眼睛看到的东西。”

它话音刚落，振石就感觉眼前一片漆黑。

“为什么要把灯关掉，这次又要怎么惩罚我啊？”

“小子，你以为我只会惩罚人吗？我是要出下一个问题，出问题之前需要控制你的眼睛，不要害怕，仔细看着。”

这时，振石的眼前出现了用积木拼成的大象和老鼠。

“哇，它们是用积木做成的！怎么能动呢？”

“积木为什么是活的，这个不重要。问题是，大象和老鼠哪一个的细胞更大呢？”

听到这个问题，振石不由得笑了起来。

“太简单了。大象个头那么大，它的细胞当然更大啦！”

“你以为这个问题那么简单吗？小子，你答错了！”

“什么，难道老鼠的细胞比大象的大？”

红精灵生气地敲了振石一下。

“臭小子，不要瞎猜了。今晚睡觉前，给我搞清楚正确答案。你只要仔细看看你眼前的大象和老鼠，应该就能明白了，我先走了。”

振石听到提示后，瞪大眼睛想仔细看看眼前的大象和老鼠，但是，他的视线开始模糊了。

“我还没有看清楚呢。还有，第一个问题我答对了，你应该告诉我一个藏着积木的地方啊，不要走。”

“早干什么去了。第一个积木在冰箱下面，我的能量快用完了，我要走了。”

“哎呀，还没看清楚呢，再等一小会儿啊。”

但是红精灵已经消失不见了，振石生气地踢了积木做的精灵一脚，结果那只绿色的眼睛又一次亮了起来，吓得振石慌忙从自己的房间里跑了出来。

“怎么办呢？只记得大象和老鼠都是用积木做的，只能等妈妈回来了。”

好不容易到了晚上，妈妈终于下班回家了。她一回来振石便拉着她问道：

“妈妈，你说大象和老鼠的细胞，谁的更大啊？”

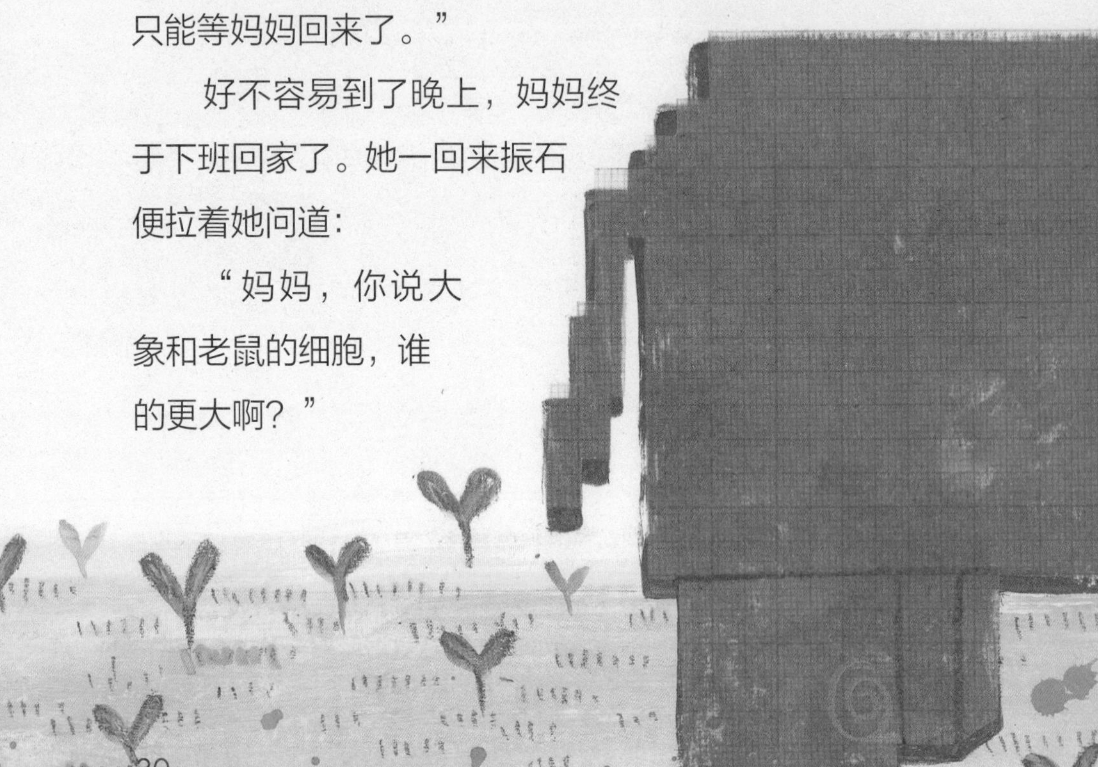

“你觉得呢？”

“我知道大象的细胞并不比老鼠的大，我也知道老鼠的细胞也不比大象的大。”

“是吗？那你应该知道正确答案啦。大象的细胞和老鼠的细胞是差不多大的。”

听完妈妈的话，振石懊恼地拍了一下脑袋，心想：我怎么早没想到，大象的细胞也不大，老鼠的细胞也不

大，那么它们两个的细胞就应该差不多大啊。

“妈妈，细胞大小差不多的话，是不是说明大象有更多的细胞，老鼠的细胞比较少呢？”

“哇，振石很聪明嘛。这和用很多的积木就能拼出大的机器人，用少的积木就只能拼出小的机器人是一样的道理。”

听完妈妈的话，振石仿佛又看到了刚才的积木大象和积木老鼠，他恍然大悟，心里暗想：这回我明白了，刚才红精灵给我看的大象和老鼠是用同样大小的积木拼成的。但大象是用更多的积木拼成的，而老鼠是用较少的积木拼成的。

“那，我和妈妈的细胞也是差不多大的吗？”

“对啊，振石长大了也会像妈妈一样，身体里有很多的细胞。但是，并不是所有的细胞的大小都一样。鸡蛋是一个巨大的细胞，相反，精子是很小很小的细胞。鸡蛋和精子的大小相差1万倍呢。”

“哇！差别那么大呢。鸡蛋那么大，还是细胞吗？”

“鸡蛋虽然很大，但却只是一个细胞。因为它包含了一只小鸡孵化时所需的所有营养成分，所以才会

那么大。”

这时振石突然想起了一件事：啊，对了，赶紧找第一块积木啊。

振石再也听不进妈妈的话了，马上跑进自己的房里找尺子。他拿着长长的尺子，开始扒冰箱的下面，果然发现了红精灵说的发着绿色荧光的积木。

还没问红精灵怎么使用这个积木呢，振石拿着积木想着。

振石将积木上的灰尘擦掉后，塞进了裤兜里，而裤兜里的积木如同有生命一样，还会呼吸……

植物细胞有“墙壁”·植物细胞和动物细胞

当天晚上，振石在梦里又见到了红精灵。

“红精灵，我知道答案了，答案就是……”

红精灵摆了摆手说：

“不用你说答案，刚才我都听到了。这次问题太简单，你很容易就找到了答案。第二块积木在你的电脑里，打开电脑你就会看到了。”

“什么，怎么会在电脑里？”

“这个你不需要知道，真正重要的是下一个问题。这次的问题可不会像上次那么简单了。”

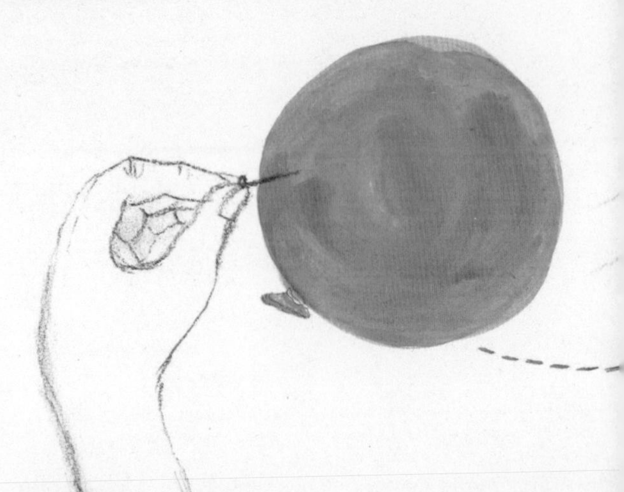

这时，振石面前出现了两个气球、一根针、几张报纸和一瓶胶水。

“这些就是第三个问题的提示。照我说的做，先把气球吹起来。怎么样，是不是紧绷绷又软乎乎的？”

振石拿着吹得鼓鼓的气球，正在拍着玩。

“现在用针把气球扎破。”

“啊，扎破？”

“是啊，就是让你把它扎破。”

振石只好紧闭着双眼，用针扎向气球。只听“嘭”的一声，气球破了。也许是在梦里的缘故，气球炸开的声音不是特别刺耳。

“现在把另一个气球吹起来。然后把报纸撕成碎片，用胶水把碎纸片粘在气球表面。碎纸片一定要牢牢地粘在气球外面，而且整个气球表面都要粘满。等胶水干了以后，再用针扎进去。”

振石按照精灵说的方法做了。气球破了，但是，粘在气球外面的碎纸片依然是完好的气球形状。

“粘满了碎纸片的气球要比普通的气球硬吧？而且，虽然那个气球破了，但报纸还是保持着球状，这就是第三个问题的提示啦。第三个问题是：动物细胞和植物细胞有什么区别？”

“啊，这个问题也太难了。”

“我早就提醒过你这次的问题比较难。所以，这次你说出的区别越多，我告诉你的藏着积木的地方也会越多。你仔细想想粘满碎纸片的气球为什么硬些，就会知道答案了。”

“哎呀，那也太难了啊，能不能多给些提示啊？”

“呵呵，你小子还说问题难呀，那就再给你个提示——细胞壁。好了，赶紧醒过来吧。”

红精灵举起它的积木狼牙棒，朝振石的屁股打了一下。

“哎呀！”

振石又一次惨叫着醒了过来。振石一睁眼，就找来气球、针、报纸和胶水，然后跑到妈妈那里，做起了红精灵让他做的实验。

“妈妈，看这个实验有没有想起什么来啊？”

“没有啊，想起什么啊？”

“那么，你知道什么是细胞壁吗？今天，我想知道动物细胞和植物细胞的差异！”

听完振石的话，妈妈立刻高兴起来：

“啊！知道了。我知道气球和报纸代表什么了。但是，你为什么要问这个呢？”

“现在不是问这个问题的时候，请快点儿告诉我答案吧！”

“这孩子是怎么了？”

虽然妈妈对振石的表现疑惑不解，但她还是回答了振石的问题。

“动物细胞和植物细胞最大的区别就是，动物细胞没有细胞壁，它是由薄薄的细胞膜包裹着的。气球的橡胶膜就相当于细胞膜。植物细胞在这个薄薄的细胞膜外还有一层坚固的‘墙壁’，我们称它为细胞壁，在气球外面贴着的碎纸片就代表细胞壁。”

“妈妈，贴着碎纸片的气球更硬，那说明植物细胞也更坚固吗？”

“振石真聪明。振石的身体是软软的，可是用木头做的桌子却是坚硬的。树木是因为有细胞壁才那么坚硬的，我们在吃蔬菜时，感觉涩涩的也是因为植物细胞有细胞壁的缘故。因为细胞壁主要是由纤维素构成的。”

振石点了点头。

“而且，动物细胞破掉后，就会失去原来的样子，但植物细胞破掉后却不会，因为植物细胞有

细胞壁，能保持原来的样子，就像粘满碎纸片的气球破了后，外面的碎纸片仍保持着球状一样。”

振石摸着气球破掉后留下的碎纸片，还是有些迷惑：

“妈妈，再告诉我一些除了细胞壁以外的植物细胞和动物细胞的区别吧。”

“嗯，好啊。还有一种物质是植物细胞有而动物细胞没有的，那就是叶绿体。”

“啊，叶绿体！我学过的，就是植物接受阳光后生产能量的地方。”

“振石知道的很多嘛。叶绿体是植物进行光合作用的地方。光合作用是植物利用阳光将水以及二氧化碳转化为营养成分的过程。叶绿体中含有叶绿素，由于叶绿素是绿色的，所以树叶才会显出绿色。假如振石的身体里也有叶绿素的话，振石也会是绿色的，那振石就不用吃饭了。”

叶绿体是细胞内的小器官。在阳光的照射下，叶绿体可以将二氧化碳和水转化成有机物。叶绿体中含有绿色的叶绿素，所以树叶会呈现出绿色。我们能在植物细胞中找到叶绿体。

“那么，怪物史莱克也会进行光合作用吧。”

妈妈被振石的玩笑逗乐了：

“嗯，如果振石成为植物的话，你会怎么做？身体无法移动，而且食物也会来之不易。”

“那当然要把食物先存起来，然后每天吃一点儿。”

“所以植物细胞里是有小仓库的，那个仓库就是液泡。植物生产营养成分后就会将它们储存在液泡里，并在需要的时候提取。但是，动物细胞是没有液泡的，它们用脂肪细胞来储存营养成分。”

“呃……脂肪细胞，感觉不怎么好，是不是油腻腻的啊？”

“虽然的确是那样的，但正是因为有脂肪细胞，我们才可以几天不吃饭还能存活着呀，脂肪细胞是非常有用的细胞呢。”

振石听完妈妈的解释后，露出了似笑非笑的神秘表情，心里想：我知道了动物细胞和植物细胞的三个区别，那么，红精灵也要告诉我三个藏积木的地方喽。

这时，振石房间里的乐高积木精灵脸的绿色眼睛也正在闪闪发光……

细胞的秘密基地

是振石，
给我开门。

只听声音确定不了，把手指按在指纹识别器上。

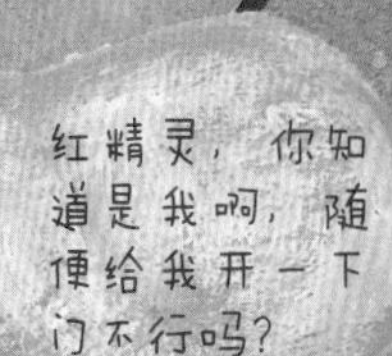

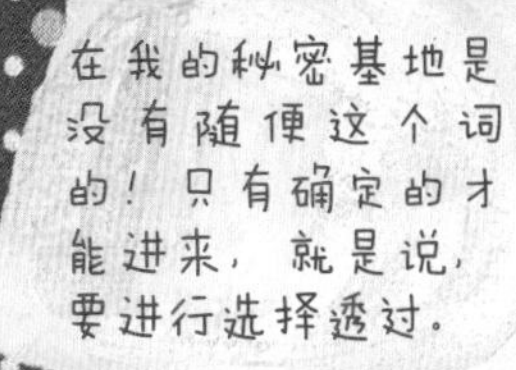

细胞膜好严格啊！

什么是选择透过啊？

那是细胞膜应该做的事情，是控制进入细胞的物质的方法，就像指纹识别器只允许确定了身份的人进入一样。

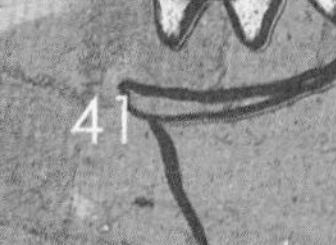

无所不有的精灵世界

· 各种细胞器

振石从电脑里取出了积木。

这个积木是用来做什么的呢？

振石想问一问红精灵，于是凑近了积木拼成的精灵脸。

“红精灵，出来一下。我找来了积木。”

红精灵哭丧着脸，出现在振石面前。

“哎呀，怎么这种表情啊？怎么啦？”

“不知道为什么，今天我突然特别想念精灵世界，呜呜。”

振石见状，想着：我还以为它是冷冰冰无情的呢，原来精灵也有感情，也会哭啊。

“啊，你说过你是因为灵魂分散了，所以才回不了精灵世界的吧。”

“是啊，你愿意听我们精灵世界的故事吗？我给你讲讲吧，那样我可能会觉得舒服些。当然你也会学到一些关于细胞的知识。”

精灵世界和细胞有什么关系啊？

振石虽然很疑惑，但在好奇心的驱使下，他使劲儿地点了点头。

“好，那我就让你看看我们精灵世界吧。”

顿时，振石眼前的画面开始扭曲了。暂时的眩晕过后，振石发现自己站在一座有着许多尖尖房顶的城堡前面。

“欢迎来到精灵世界！当然这不是真的，而是我用魔法制造的幻象。接下来，我会向你介绍一下精灵世界。”

“好像很有意思，我们快点儿进去吧。”

“我会把细胞里的各种器官和这里的精灵进行比较。细胞里包含的小

细胞器：细胞里的小装置叫作细胞器。正是因为细胞里的细胞器各司其职，细胞才能存活。

器官被称为细胞器。在这里，精灵世界就相当于一个细胞，而随后见到的精灵就相当于细胞器了。”

红精灵将大门打开，振石看到一条街道，有一些精灵在街上走来走去。突然，一个奇怪的精灵出现了，并对旁边的精灵说着什么。这个奇怪精灵的肚子是透明的，肚子里面还有一种像线团一样的东西，“线团”的一端通过肚脐眼露在了外面。

“啊！那个精灵是什么啊？好像在对其他精灵发号施令似的，它是队长吗？”

“那个精灵是管理精灵，是精灵世界里最重要的精灵。精灵世界的未来都包含在管理精灵肚子里的‘线团’中。精灵世界的未来是由管理精灵来决定的，这一

细胞核：储存细胞的遗传信息并操纵细胞活动的细胞器官就是细胞核。细胞核是细胞里最重要的组成部分。细胞核只存在于真核细胞中，原核细胞是没有细胞核的。

点和细胞核是一样的。”

“那细胞核又是什么啊？”

“细胞核里含有细胞的遗传信息。细胞是根据细胞核中的信息来塑造自己的身体并进行活动的。所以细胞核发挥的作用和管理精灵的作用是一样的。”

这时候，又出现了两个身上装着砖头的精灵。

“我们现在要做什么呢？”身上装着砖头的精灵恭敬地问管

理精灵。

管理精灵摸着肚子，仔细想了一会儿，指示身上装着砖头的精灵去造房子。那两个精灵听到指示后，立刻取下身上的砖头造起房子来。

“啊！那两个精灵身上居然装着砖头？”

“那就是砖头精灵，我们和人类不一样，我们用砖头精灵身体装的砖头来造房子，砖头精灵的作用和细胞

里的核糖体差不多。”

“那核糖体是按照细胞核发出的命令，造出和砖头差不多的东西喽。”

“是的。核糖体根据细胞核给出的信息，将氨基酸组合成蛋白质，而这些蛋白质就相当于建造房屋的砖头。不止这些，蛋白质还会为细胞提供营养物质。你之所以能够长高、长大，要归功于一种叫‘生长激素’的蛋白质。”

“那核糖体还真是细胞里必不可少的东西呢。”

这时，一个精灵背着大大的背包，喘着粗气跑到砖头精灵的旁边。

“啊，你来啦！请将这个送到保洁精灵那里去吧。”

砖头精灵将砖头房子的一部分拆下来交给背着背包

核糖体：将氨基酸合成蛋白质的细胞器叫作核糖体。核糖体是根据细胞核内的脱氧核糖核酸（DNA）保存的信息合成蛋白质。蛋白质是构成人体的重要组成部分，所以核糖体是非常重要的。

的精灵。背着背包的精灵在砖头精灵给的东西上贴上了写有地址的标签，然后将这些东西全都装进它那大大的背包里。装好后它便一阵风似的跑着离开了。

“那个精灵像邮差一样。”

“没错，它就叫邮差精灵。如果我们没有邮差精灵，就收不到重要的信件了。细胞里也有和邮差精灵类似的角色，那就是内质网和高尔基体。”

“什么，细胞里还有网啊？传送邮件的时候会用到网吗？”

“呵呵，内质网可不是普通的网，而是细胞里的一种管道运输系统。内质网和高尔基体的工作就是将核糖体制造的蛋白质输送到需要的地方。核糖体制造的蛋白质首先由内质网接收并

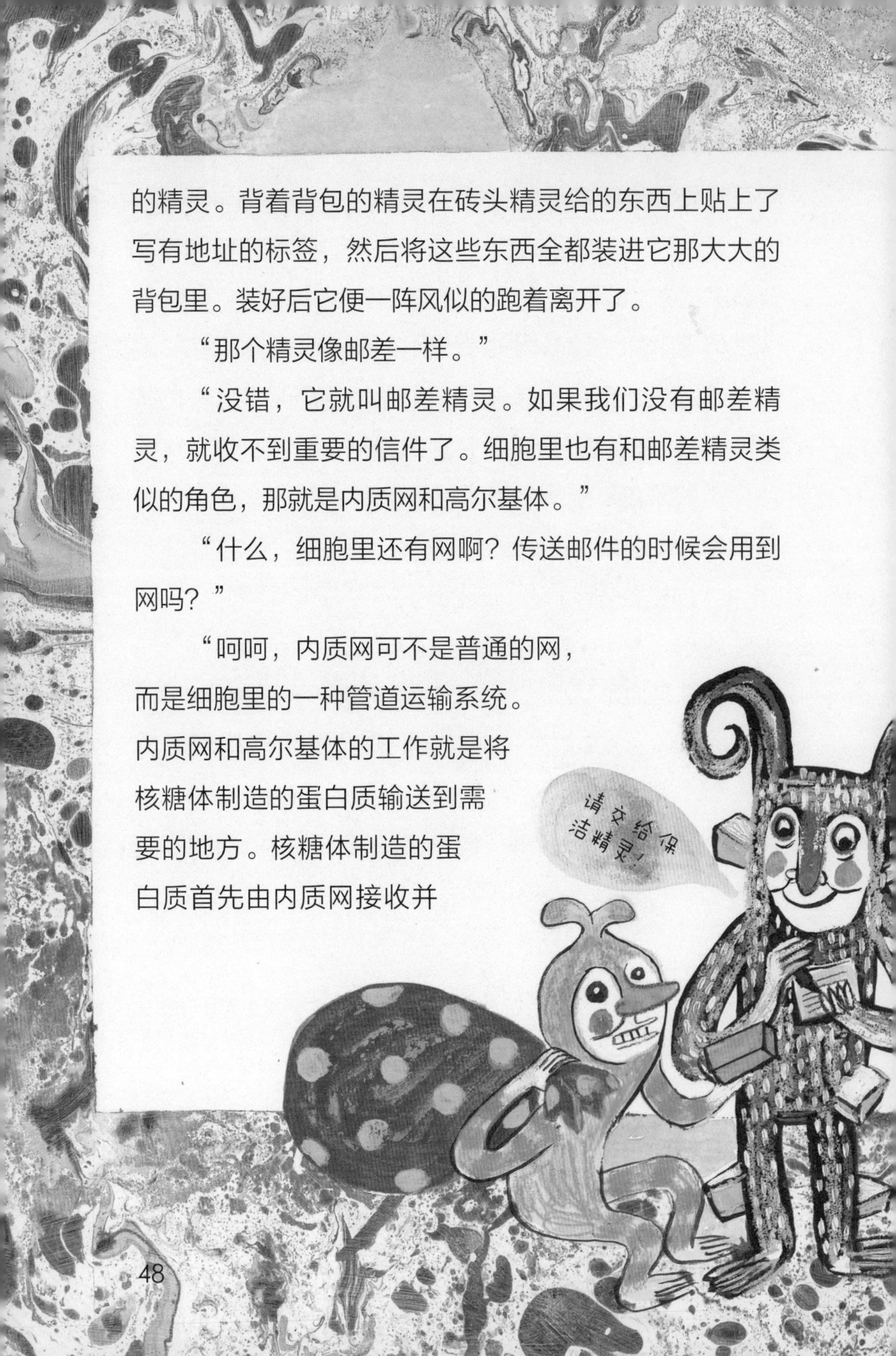

储藏起来。当需要将蛋白质输送到细胞外时，内质网就会将蛋白质送到高尔基体。高尔基体也会将蛋白质储藏一段时间，然后将其输送到细胞外。”

“那刚才邮差精灵贴的地址标签在内质网和高尔基体里也有吗？”

“当然。不写清楚地址，包裹会寄错地方的。内质网和高尔基体也将地址标签贴在蛋白质上，就是这个地址标签决定着蛋白质被输送到的地方。”

“真是神奇，细胞好聪明啊。”

内质网： 功能是保存并运输核糖体制造的蛋白质。它包括粗面内质网、光面内质网。粗面内质网主要负责制造蛋白质，光面内质网负责制造并储存脂肪。

高尔基体： 可以暂时储存内质网传来的蛋白质，随后将蛋白质传输到细胞外的细胞器。

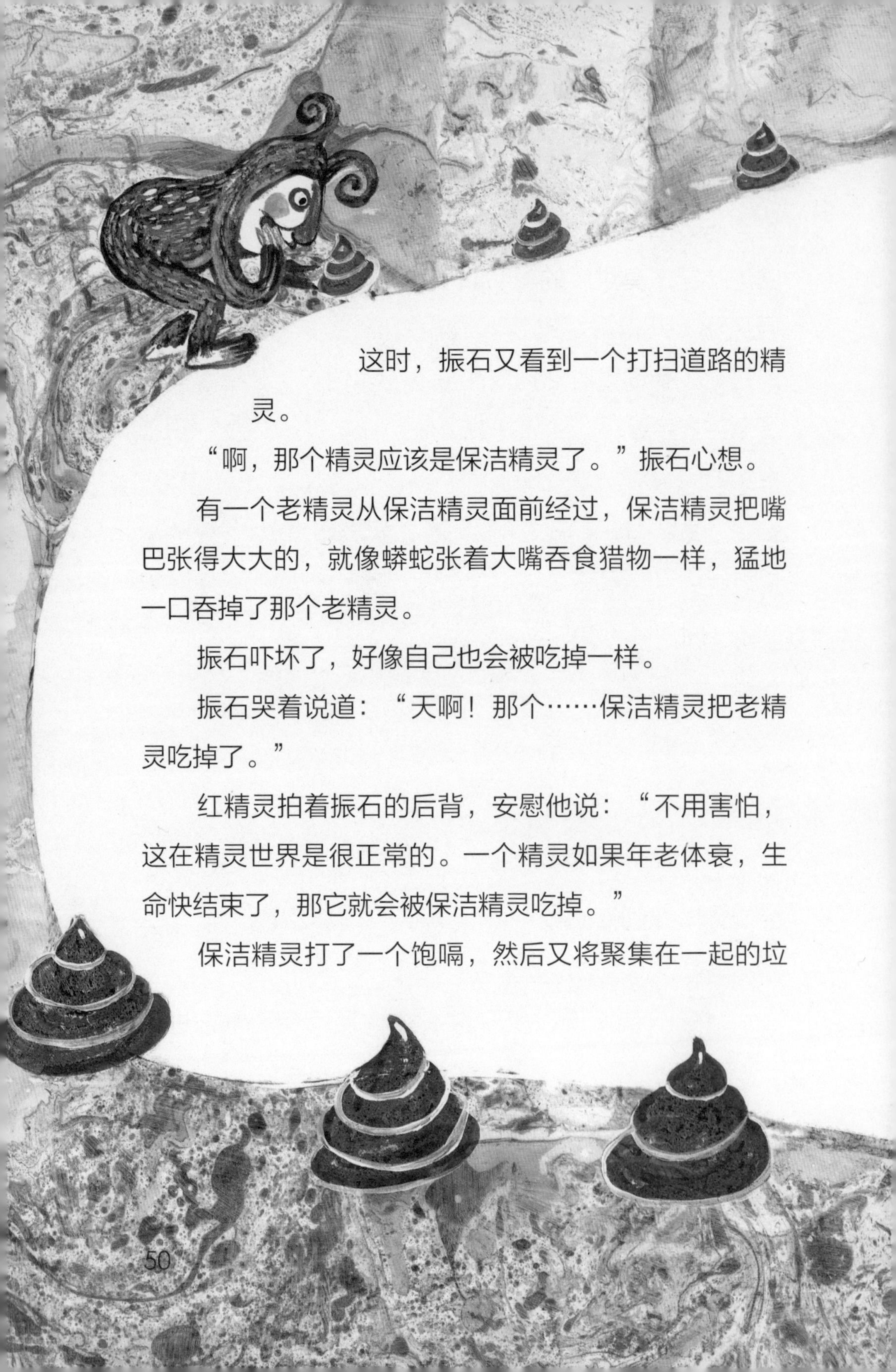

这时，振石又看到一个打扫道路的精灵。

“啊，那个精灵应该是保洁精灵了。”振石心想。

有一个老精灵从保洁精灵面前经过，保洁精灵把嘴巴张得大大的，就像蟒蛇张着大嘴吞食猎物一样，猛地一口吞掉了那个老精灵。

振石吓坏了，好像自己也会被吃掉一样。

振石哭着说道：“天啊！那个……保洁精灵把老精灵吃掉了。”

红精灵拍着振石的后背，安慰他说：“不用害怕，这在精灵世界是很正常的。一个精灵如果年老体衰，生命快结束了，那它就会被保洁精灵吃掉。”

保洁精灵打了一个饱嗝，然后又将聚集在一起的垃

圾全部吃掉了，并在马
路边拉起了臭烘烘的便便。振
石见状，吓得瑟瑟发抖。然而奇怪
的是，砖头精灵居然把保洁精灵的大便吃
了个精光，过了一会儿，砖头精灵的身上出现了
更多的砖头。

“保洁精灵是非常有用的，如果没有保洁精灵，精灵世界就会变成垃圾世界。”

“那细胞里也有保洁员吗？”

“嗯，那是当然。细胞的保洁员就是溶酶体。”

振石为了记住这个名字，在口中一直念叨着“溶酶体”。

“溶酶体能将细胞里的所有垃圾物质全部吞掉。吞掉垃圾物质之后，它还会把这些垃圾物质消化掉，产生新的物质并排出体外，而蛋白质遇到这种物质后，就会生成氨基酸，这和保洁精灵的作用一样。”

“啊，我听说过氨基酸。在饮料里就有，它进入

溶酶体： 进行消化作用的细胞器。溶酶体分布于血液或组织中，主要功能是消化、分解细菌或异物以及衰老的细胞。

我们身体里就会成为蛋白质。”

振石和红精灵又向前走了一段路，前方一条宽阔的大马路出现了，而且大马路上还有许多汽车。

那些汽车形状怪异，看到这些，振石有些欣喜，心想：原来精灵世界也有汽车啊，好神奇哦。咦？怎么每个汽车上都挂着精灵啊。

“那些精灵是不是玩过头啦，那样挂在车上不是很危险吗。”

“那些是能量精灵。没有能量精灵，汽车就没办法开动了，能量精灵就是汽车的燃料桶啊。”

“什么？燃料桶？”

“是啊，车轮之所以能够转动，是由能量精灵身体里产生的能量推动的。能量精灵做的还不止这些，每一个精灵家里都有能量精灵，正是因为有了能量精灵，其他精灵才能泡热水澡，冬天才能待在温暖的屋子里抵御严寒。”

“那细胞里也有生产能量的地方吗？”

“当然有，那就是线粒体，它是人利用摄取的营养物质产生能量的细胞器。多亏了线粒体，人才有能量运动。而且，人的身体能保持一定的温度也是线粒体的功劳。”

“线粒体和能量精灵一样，都发挥着重要的作用。”

他们继续向前走，不一会儿，来到一座公园旁，有许多绿色的精灵站在那里沐浴阳光。不一会儿，绿色精灵身上长出了许多像苹果一样的东西。路过的精灵摘下那些苹果一样的东西，愉快地吃了起来。

“我好像知道这些精灵是什么，我猜一猜哦，是光合精灵吗？这些精灵身体里还有叶绿体。”

“满分！叶绿体用二氧化碳、水还有阳光来合成葡萄糖，所以有叶绿体的植物是不用吃饭的。”

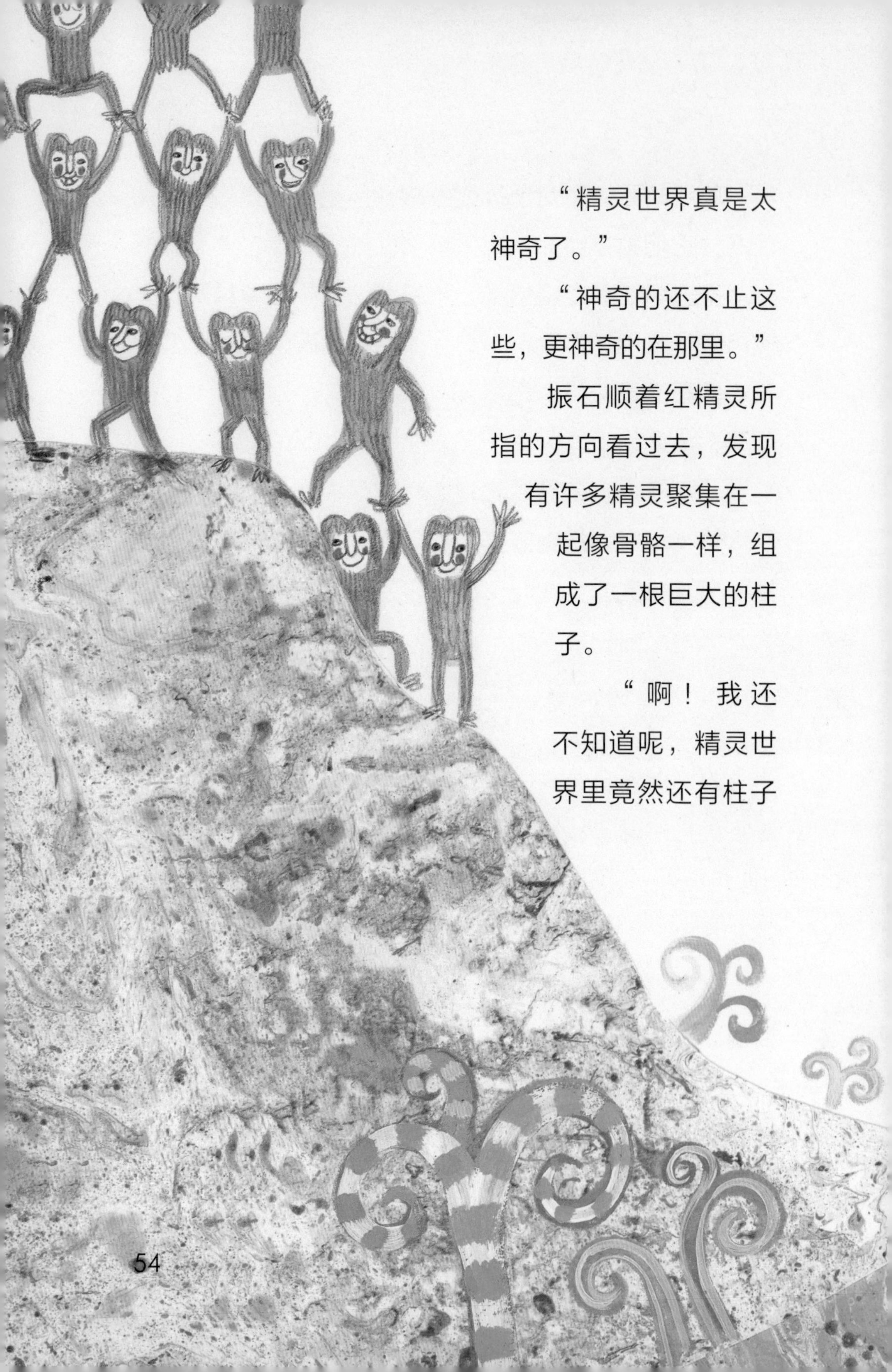

“精灵世界真是太神奇了。”

“神奇的还不止这些，更神奇的在那里。”

振石顺着红精灵所指的方向看过去，发现有许多精灵聚集在一起像骨骼一样，组成了一根巨大的柱子。

“啊！我还不知道呢，精灵世界里竟然还有柱子啊。哎呀，屋顶竟然也会动呢！”

“它们都是骨骼精灵，精灵世界的屋顶、墙壁、路面、家里都住着骨骼精灵。刚才看到的砖头精灵就是在往骨骼精灵上面砌砖头。”

振石又朝着柱子看过去，那些奇特的骨骼精灵都在朝振石微笑。

“那细胞也有骨骼吗？”

“当然啦，那就是细胞骨架。房子因为有房梁之类的骨架才结实，而细胞也是因为有细胞骨架才能维持形状。另外，细胞骨架还起到让其他细胞器各就各位的作用。”

“我还以为细胞内部是空的呢，原来有骨架支撑，就像精灵世界有骨骼精灵一样。”

振石看到精灵世界里热闹的场景后，意识到我们身体里的细胞也和精灵世界里的精灵一样，各自发挥着自己的作用。

“今天参观精灵世界真是太有趣了，而且我也知道了我们人类身体里的细胞和这些精灵一样，各司其职，让我们的身体正常运行着。”

细胞骨架：没有骨骼，我们的身体就会像章鱼一样绵软。细胞也具有可以维持自己形状的骨架。细胞骨架将细胞器固定在自己的位置，以防止细胞器在细胞内到处乱窜。

“幸亏有你，我才会暂时想起故乡的样子，现在好高兴啊。我的心情变得很好，就告诉你五个藏着积木的地方吧。”

“真的吗，真的告诉我那么多吗？”

“傻小子，那样我才能早日回到精灵世界啊。你打开书桌的抽屉，抽屉的最里面应该有一堆积木，把找到的积木都拼在积木精灵的脸上吧。”

“知道了，待会儿我就拼。不过红精灵，你在精灵世界是做什么的呢？”

红精灵并没有回答振石，只是用积木狼牙棒打了一下他的屁股。振石揉了揉屁股，再转眼一看，红精灵早已经消失不见了。振石一脸茫然地捂着屁股坐到了床上……

我是光合精灵！叶绿体将水、阳光、二氧化碳合成葡萄糖。
叶绿体
液泡
没有忘记我们骨骼精灵吧。细胞骨架会把细胞器固定在自己的位置。
细胞骨架
我是管理精灵。细胞核管理所有的细胞器，而且还储存着遗传信息。
我是砖头精灵。核糖体会将氨基酸合成蛋白质。
核糖体
细胞核

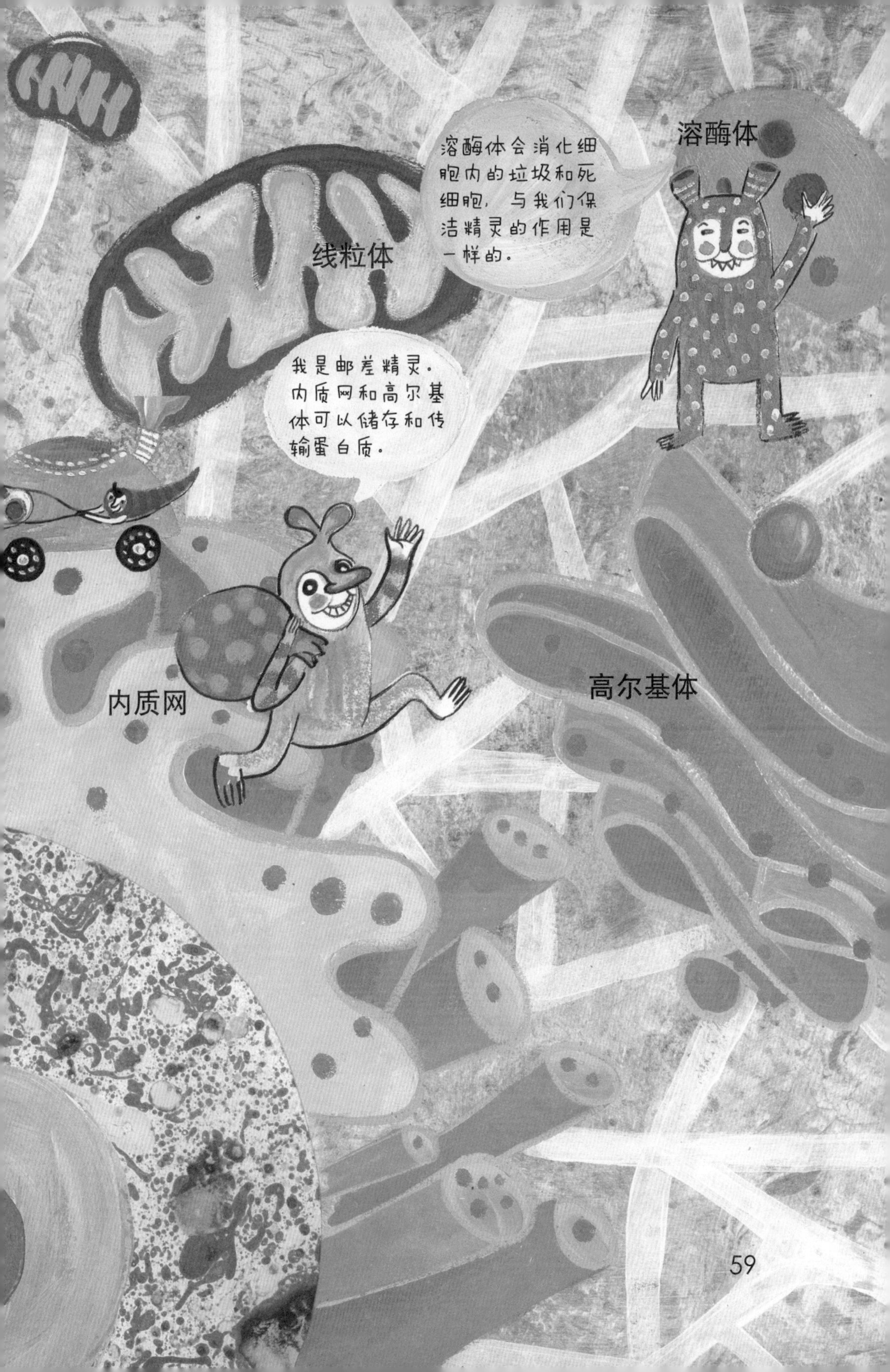
溶酶体
溶酶体会消化细胞内的垃圾和死细胞，与我们保洁精灵的作用是一样的。
线粒体
我是邮差精灵。内质网和高尔基体可以储存和传输蛋白质。
内质网
高尔基体

复杂而有序·真核细胞与原核细胞

第二天，振石在书桌的抽屉里找到了五块积木。他将上次在电脑里找到的积木和这次发现的五块积木一起拼在了精灵脸上，结果精灵脸上绿色的眼睛再次发出了闪亮的光。

“真是太感谢了，这么多积木拼在一起，我现在觉得自己充满了力量！”

红精灵洪亮的声音从精灵脸部传了出来。

振石打算吃完午饭后就到哲民家去玩儿。

在路上，振石盘算着：“我要和哲民说没有碰到精灵，然后就能拿到10张数码宝贝卡了，嘿嘿！”

哲民一见到振石，就问道：“看到精灵了吧？”

“嗯，那个……没有啊。因为晚上不睡觉，还被妈妈教训了。”

“不要撒谎，一看你这副吞吞吐吐的样子，我就知道你肯定见到精灵了。那你就应该给我10张数码宝贝卡。”

哲民一副气呼呼的样子。振石见状，若无其事地耸了耸肩，心想：要对他说我见到精灵了吗？他好像知道我在撒谎。哎呀，红精灵警告过我，不让我说见过它的事情啊。怎么办呢？嗯，继续装下去好了。

“没有啊。我根本没有见到能实现愿望的精灵。”

听到这话，哲民的脸立刻阴沉了下去。

振石正不知所措时，恰好哲民妈妈说话了：

“哲民啊，家里没有什么好吃的招待振石了，你到前面超市买些点心回来吧。”

哲民白了振石一眼，出去买点心了。

“那小子好像知道我出现了，是吗？”

振石吓了一跳，因为在哲民的房间听到红精灵的声音。

“你是怎么到这儿来的啊？积木都在家里啊。”

“把手伸进兜里看看。”

“啊，这是我在冰箱下面找到的积木。”

“因为你带着这块积木，所以我才能到这里。”

“那就是说，只要有一块积木，我就能和你对话喽？”

“当然啦。我发现哲民这小子的房间很整齐嘛，和真核细胞一样，而你那乱七八糟的房间就像原核细胞。”

“原核细胞？真核细胞？这都是些什么啊？”

“你在这里还想学习细胞知识呢。在哲民回来之前，我就给你讲讲吧。”

“好的，快给我讲讲吧。”

“你记得上次和我一起参观精灵世界时看到的管理精灵吗？”

“是肚子里有线团的精灵吗？你说过它和细胞核差不多啊。”

“还真记住了。细胞核里有DNA，而DNA储存着遗传信息。可以说，DNA相当于一本包含着遗传信息的书。”

“我以前在电视里听说过DNA这个词。”

“是的，将DNA整齐地排列在细胞核里的是真核细胞，相反，DNA杂乱地分布在细胞内的是原核细胞。因此，在原核细胞里，DNA的管理工作就比较难。你想一想，你的房间乱得要命，想找东西的时候是不是很麻烦？在原核细胞里也是一样，要找到想找的DNA就得花费好长时间。整理整理房间吧，看到你的房间，我就想起原核细胞。”

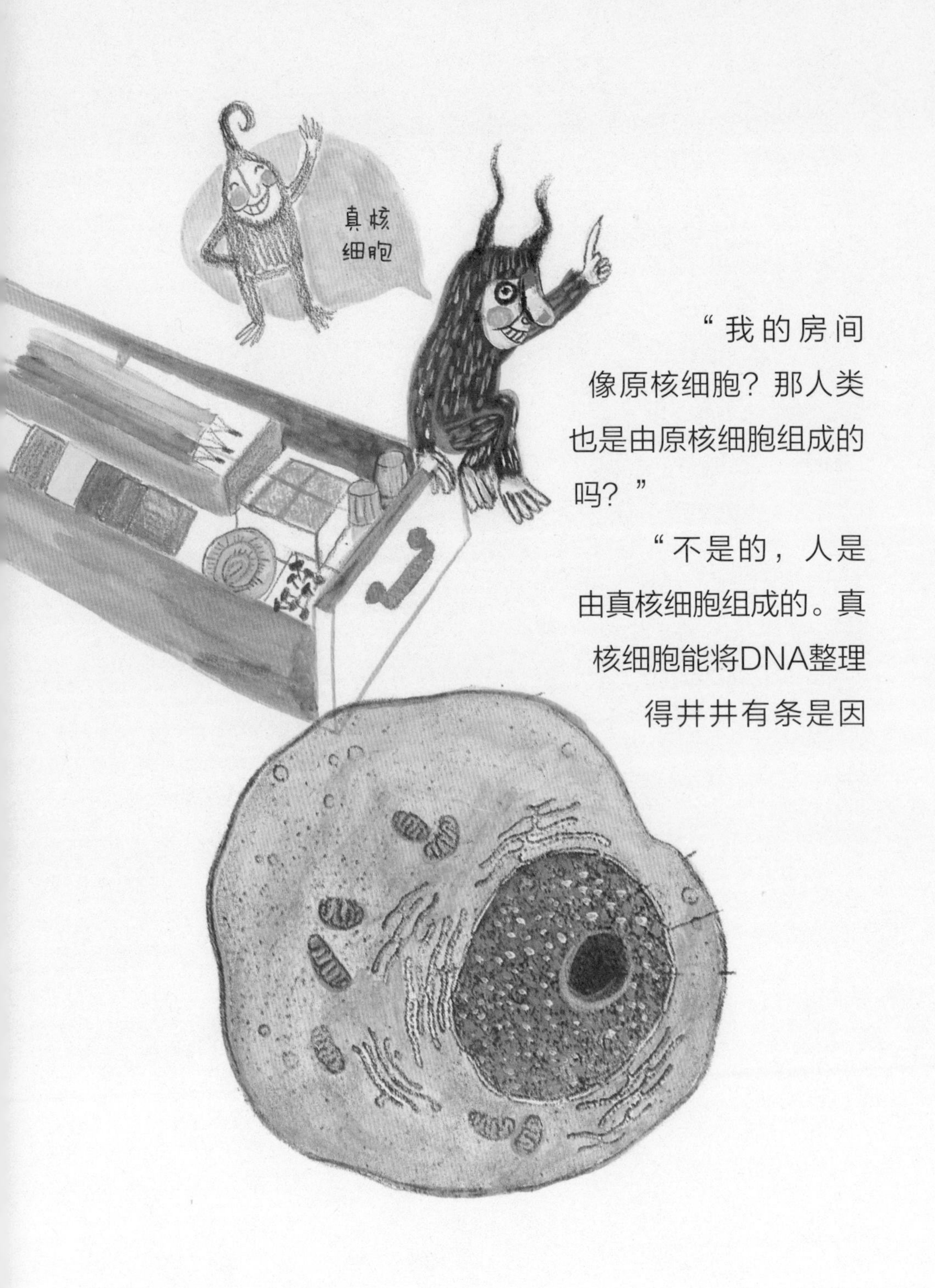

“我的房间像原核细胞？那人类也是由原核细胞组成的吗？”

“不是的，人是由真核细胞组成的。真核细胞能将DNA整理得井井有条是因为真核细胞的结构比较复杂。原核细胞比真核细胞的结构简单，所以DNA即使杂乱地分布在细胞里也不会出什么大问题。细菌就是一种由原核细胞组成的生物。”

“细菌吗？那原核细胞是传播疾病的坏细胞喽？”

“不是的，不是所有的原核细胞都传播疾病。但是原核细胞里有很多是传播疾病的细胞倒是真的。”

“哦，也就是说，原核细胞并不全是坏的，也有好的，是吗？”

“对啊，就是这个意思啊。你要是像原核细胞一样不整理房间，那你房间里就会长出很多原核细胞了。那

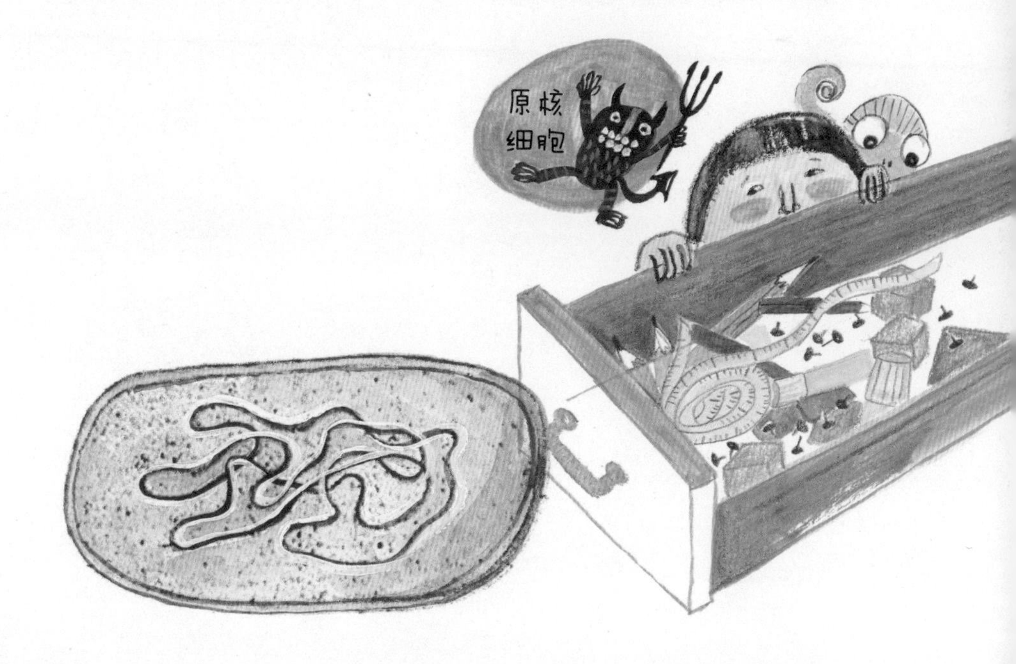

样你就有可能生病……多跟哲民学习吧。”

“知道了，我勤加整理就好了嘛。”

说到这儿，哲民的声音响了起来：“妈妈，我把点心买回来了。”

“看来我要闭嘴了，但是总感觉怪怪的，总感觉这房间也有精灵的气息。再次警告你啊，一定不能把见到我的事情说出去。”

哲民拿着点心进来了，好像在自言自语地说着什么。

哲民的声音很小，以至于很难听清，而且他的脸上还闪过了惊恐的表情。

振石看到哲民这样，心中十分疑惑，但他没问哲民为什么这样，因为他一直担心哲民会再次提起精灵的事情，还好哲民直到振石回家也没再提任何关于精灵的话题。

细胞的葬礼

细胞可以永远活下去吗?
不会，细胞也会死掉的。

细胞一定要死吗? 那细胞是怎么死的呢?

细胞也像人一样，有一天会变得年老体衰，没有力气。年纪大的细胞会对年轻细胞的正常生活造成不好的影响。

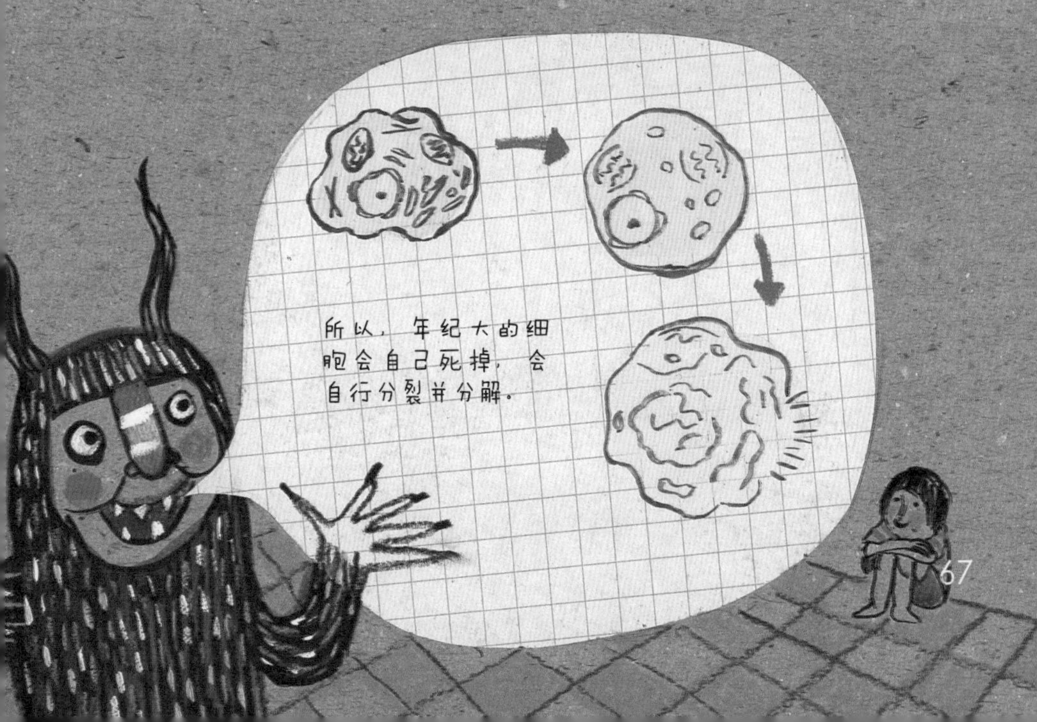
所以，年纪大的细胞会自己死掉，会自行分裂并分解。

我们身体里的
细胞故事

妈妈，我是怎么出生的·受精与受精卵的成长

和哲民玩了一下午，振石累坏了，回到家里就倒在床上睡着了。他很快进入了梦乡，在梦中，突然听见了“呜呜”的哭泣声。

“红精灵大哥，是你在哭吗？”

“对不起啊，让你看到我哭的样子……”

“你今天为什么哭得这么伤心啊？”

振石话音刚落，就见红精灵从兜里拿出一张照片，上面有三个精灵。

“这个是我父母和我的照片。我想起了还在精灵世界的父母，就忍不住……”

“精灵也有爸爸妈妈啊，我还以为精灵是自己冒出来的呢。”

“我们精灵也是有爸爸妈妈才能出生的，虽然我们的出生和人类有点儿不一样。”

“那今天你就告诉我关于精灵出生的故事吧。”

“嗯，这个主意不错，和今天的问题也有些关联。”

“那你就快点儿给我讲讲吧。”

这时，振石面前出现了一颗种子。一对年轻的精灵夫妇将那颗种子种到了地里。随后精灵爸爸干呕了几下，从嘴里吐出了许多蝌蚪似的东西，那些蝌蚪一到地上，就躲到土里去了。

“哎呀！是蝌蚪啊。”

“臭小子！那些蝌蚪可是魔法蝌蚪。”

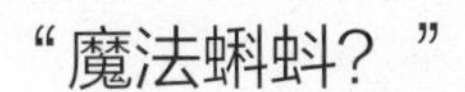

“魔法蝌蚪？”

“精灵爸爸和精灵妈妈相爱后，精灵妈妈的身体里就会长出魔法种子。随后，魔法种子会钻到地里等待着，而精灵爸爸身体里会长出魔法蝌蚪。虽然魔法蝌蚪的数量很多，但只有其中的一只能进入到魔法种子里。”

“那如果魔法蝌蚪进不到种子里呢？”

“那样的话，那颗种子就不能成为小精灵，就会消失了。”

“地里的种子是怎么成长的呢？”

“埋在地里的种子是一个细胞，种子随着时间的流逝会分成两个。”

“是成为完全一样的两个细胞吗？”

“是的。种子分成两个后，接着又会分成四个，四个又会分成八个……就这样，细胞的数量每次都会变为原来的倍数，最后细胞就会长成像桑葚的样子。”

“虽然我没见过桑葚，但我可以想象出它的样子。”

“是啊，像桑葚那样的细胞长大后就会成为小精灵，小精灵身体的各个部位就是由一个个细胞组成的。”

“变成小精灵后，它们是怎么出来的呢？”

“变成小精灵以后，它们的角就会像竹笋一样从地里冒出来，抓住角就能把它们从地里拔出来。”

“啊，就像拔萝卜一样吗？”

“是啊，现在你去弄清楚人类是怎么出生的吧。这应该不会很难，和精灵的出生过程差不多。”

早上起床后，振石就直奔妈妈的房间。

“妈妈，妈妈，我是怎么出生的啊？”

“什么怎么出生的，你是我从桥底下捡来的啦。”

“哎呀，不要开玩笑。我应该也是从一个细胞开始

生长的吧？”

“振石知道的还不少呢，就像你说的，你是从一个叫受精卵的细胞开始生长的。”

“受精卵？那是什么啊？”

“受精卵是精子和卵子结合后生成的细胞。妈妈身体里产生的像蛋一样的细胞是卵子，爸爸身体里产生的像蝌蚪一样的细胞是精子。精子和卵子相遇后就会变成受精卵。”

振石想起了红精灵讲的种子的故事。

“那如果精子和卵子不能见面，就不会有小孩子喽。”

“当然啦，能和卵子见面的精子是非常幸运的。在一两亿个精子竞争后剩下的健康且有活力的精子才能和卵子见面。”

“哇，真的好幸运啊。那个受精卵是不是很快会分裂成两个啊？”

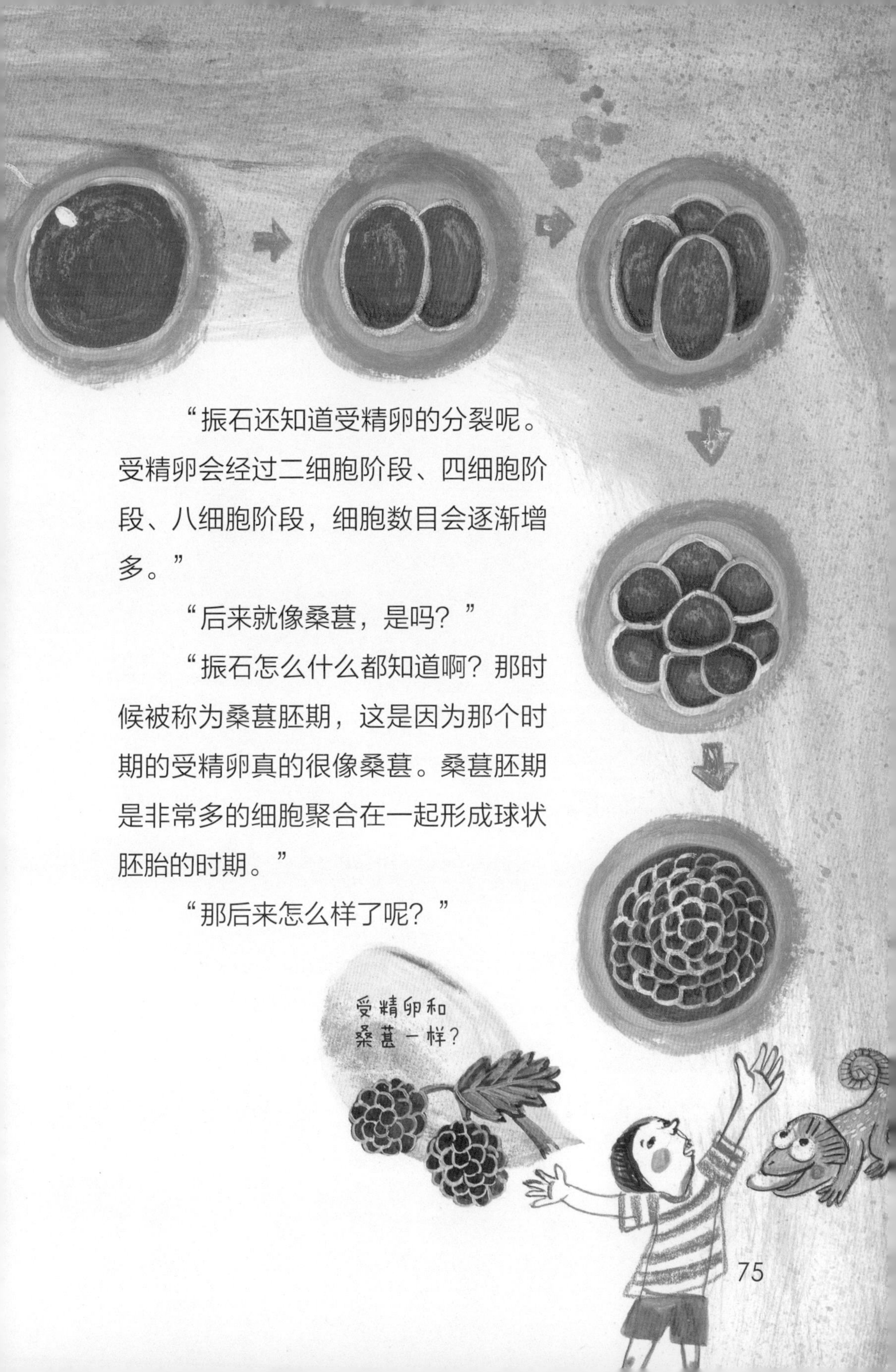

“振石还知道受精卵的分裂呢。受精卵会经过二细胞阶段、四细胞阶段、八细胞阶段，细胞数目会逐渐增多。”

“后来就像桑葚，是吗？”

“振石怎么什么都知道啊？那时候被称为桑葚胚期，这是因为那个时期的受精卵真的很像桑葚。桑葚胚期是非常多的细胞聚合在一起形成球状胚胎的时期。”

“那后来怎么样了呢？”

“然后受精卵就会变成中空的小房子，这个时期被称为囊胚期。”

“囊胚期？那是什么啊？”

妈妈拿来气球吹了起来。

“囊胚期就像这个气球一样，是中空的受精卵。这个气球的膜就和细胞聚集的囊胚期的外部差不多了。”

“那之后呢？”

“囊胚形态的受精卵会附着在妈妈的子宫里。在这个时期会发育出胃、心脏、肾、肺等内脏器官和皮肤、大脑、神经等，然后这些器官继续发育，待发育成熟，小宝宝就诞生了。”

“一个细胞要成为一个生命居然要付出这么多的努力呀，好神奇啊。”

振石摸着软软的气球，想象着自己还是一个受精卵时的样子，不由得傻笑了起来……

万能臂与积木狼牙棒·干细胞

妈妈早晨叫振石起床。振石好不容易从床上爬起来，就听见妈妈不停地唠叨：

“学校放假是让你睡懒觉的吗？准备早饭，叫你起床，还要准备上班，你知道妈妈有多辛苦吗？妈妈又没有万能臂！”

振石意识到，应该在妈妈大发雷霆之前乖乖地听妈妈的话。如果妈妈真的生气了，后果会非常严重。振石利索地洗完脸，坐到了饭桌前。

“妈妈，什么是万能臂啊？有了它，你早上就不用这么辛苦了吗？它很贵吗？我用存钱罐里的钱给你买一个吧。”

听完这话，妈妈看了振石一眼，看到振石一副关切的样子，非常可爱。妈妈刚才还决心要把睡懒觉的儿子狠狠教训一顿，现在那个想法已经被抛到九霄云外了。

妈妈笑着说：“万能臂是妈妈小时候看的漫画中探长克里克的装备。探长处理案件时，万能臂会变成各种样子，轻松地解决难题。所以，万能臂是用钱买不到的。”

“哎呀，好可惜啊。如果有万能臂的话，就能在我玩游戏的时候帮我写作业了。”

“我说呢，我还以为你是关心妈妈呢，臭小子。妈妈要上班了，好好看家哦。”

妈妈说完便匆忙出门了。这时，振石想起了红精灵。

虽然没有万能臂，但传说中的精灵可以用狼牙棒做各种奇特的事情。

“红精灵，红精灵！你在哪里啊？”

红精灵不知道是何时出现的，它拿着那根积木狼牙棒，站在振石身后。振石见到积木狼牙棒后，想起自己变成积木的样子还是一阵后怕。红精灵没等振石说话，就笑了起来。

“你以为那些漫画里的万能臂能和我这个积木狼牙

棒相比吗？哈哈哈！”

说着红精灵就念起了咒语，那根积木狼牙棒随着精灵的咒语一会儿变成大刀，一会儿变成锯，简直是千变万化。

“哇，好神奇啊！”

“我们精灵只要有积木狼牙棒就可以做任何事情。一样的道理，细胞中也有变化万千的积木狼牙棒呢。好吧，今天的问题就是，和万能臂一样的细胞是什么？”

时间过得好慢，妈妈终于下班回家了。振石看到妈妈下班回来，立刻高兴地迎了上去。妈妈抱起振石，温柔地亲了一下。妈妈一放下振石，振石就迫不及待地问道：

“妈妈，早上你不是说到了那个万能臂吗，细胞里也有和万能臂功能类似的东西吗？”

“怎么又是细胞啊？要说可以千变万化的细胞……那应该是干细胞了。”

“干细胞？我好像在电视里经常听到，干细胞到底是什么呀？”

“干细胞可以分裂成各种功能细胞。干细胞包括胚胎干细胞和成体干细胞。”

干细胞是
万能细胞。

“真的有那种细胞啊，是它变成人的眼睛、鼻子、嘴巴、胳膊的吗？”

“当然啦，它能变成任何细胞。这种可以变成各种细胞的能力叫作全能性。”

“全能性？那变成鼻子的细胞还可以变成指甲喽？”

“不是的。大部分的干细胞在变成一种新的功能细胞后就会丧失全能性。”

“那干细胞在哪里啊？”

“胚胎干细胞在囊胚期的受精卵里最常见。囊胚期的受精卵是由许多干细胞堆积在一起形成的。和这个样子是差不多的。”妈妈将一把豆子塞到气球里，然后吹了起来，结果豆子堆积在了气球的底部。

“啊，我明白是怎么回事了，是囊胚期的胚胎干细胞发育成了胳膊、腿、鼻子、嘴吧？”

“是啊，振石的身体全部都是由胚胎干细胞发育而成的。”

可以变成任何器官的细胞

啊！眼球在到处转，好吓人！

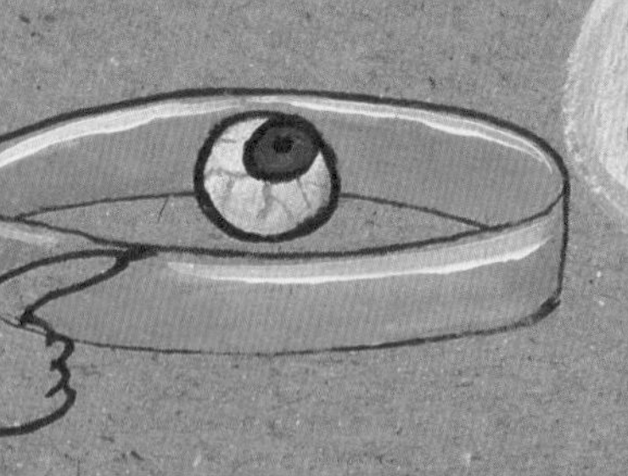

什么吓人，这是用干细胞生成的眼睛。我把一只眼睛弄丢了，要赶快进行器官移植。

虽说是精灵，怎么可能随便就做出眼睛呢？

你没有忘记干细胞可以分化为任何一种细胞吧，如果将干细胞按照我们的意愿分裂，就可以制造出眼睛、鼻子、心脏等身体的任何器官了。用干细胞制造的内脏因为和自己的身体一模一样，所以不会有排斥反应！

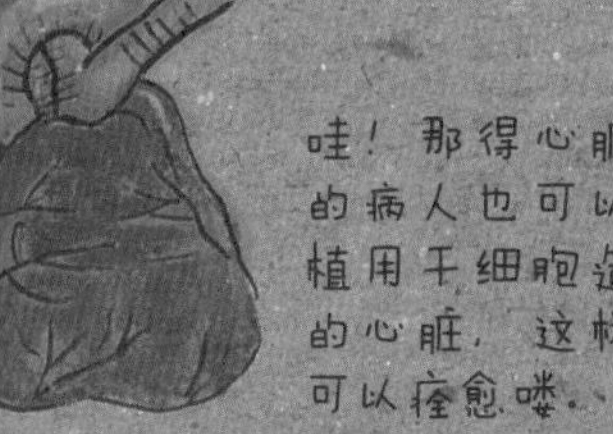

哇！那得心脏病的病人也可以移植用干细胞造出的心脏，这样就可以痊愈喽。

嗯，能那样当然好啦。但是人类的科技还没有发展到那种程度，振石长大后研究出来，怎么样？

像我们身体的精灵机器人·组成我们身体的细胞

“昨天对干细胞了解得还不错嘛。这次的积木是在厨房的橱窗里，去找找吧。”红精灵对刚醒过来的振石说。

“红精灵，我昨天想第一时间告诉你，可是怎么叫你都不答应，你在干什么啊？”

“那时我突然想起了在精灵世界里制造的机器人，想着回到精灵世界以后应该怎么改造它。”

“机器人？精灵也会做机器人啊？”

“你瞧不起精灵啊？上次你不是参观过精灵世界吗，我们精灵掌握着很多先进技术。制造机器人对我们来说就是小儿科。你想看看我的机器人吗？”

“好啊，我们快去看吧。”

“好吧，那我又要控制你的眼睛了。”

“又来了，那个感觉很难受呢。”

“不喜欢也没办法。你又去不了精灵世界，只能用这个方法。”

“知道啦，那要动作快点儿啊，晕晕的很难受。”

“好，不过不要吐哦。”

振石感到眼前一阵眩晕，眼前出现了红精灵的制作工坊，那里有好多奇怪的工具。

在制作工坊的中间摆放着只有骨架和肌肉的机器人。精灵的制作工坊太神奇了，以至于振石都忘了眩晕的感觉。

“哇！好帅啊。不愧是精灵做的，这里还长着角呢。”

“很帅吧！只要在外面加上皮肤就是机器人了。昨天晚上我一直在想怎么加皮肤呢。”

振石靠过去，摸了摸机器人的头。

“哇，摸着和真的一样，骨架是用什么做的啊？我还以为是用铁做的，可是摸起来却不像。”

“用铁做多重啊，我们用的是和人类的骨骼一样的材质。”

“什么？人的骨骼？是真的吗？”

“不是真的骨头，是用钙等材料合成的。为了模仿人类骨骼细胞的结构，我花了不少工夫呢。”

“骨骼细胞？骨骼也是由细胞组成的吗？”

“当然啦。我们身体的各个器官都是由细胞组成的。骨骼细胞就是组成骨骼的细胞。骨骼细胞会制造出像石头一样坚硬的物质来形成骨骼。有骨骼细胞的地方都有很多孔，乍一看就像面包里的孔一样。”

“骨骼里面是空的？空的不是很容易断吗？”

“当然不是啦。虽然中间是空的，但是这种结构不断重叠，就会变得既轻巧又坚实。一根吸管可能很容易折断，但是将数百根吸管捆在一起后就不容易折断了，这和骨骼不容易折断的道理是一样的。”

“可是，这个机器人能动吗？”

“当然可以动啦，连在那些骨架上的肌肉可以让它动起来。”

红精灵将机器人的开关打开，只见机器人胳膊上的肌肉不停地收缩，胳膊就抬了起来；肌肉放松，胳膊就放了下来。

“哇，好神奇啊，和运动员一样，肌肉好有型啊。”

“这也是模仿人类的肌肉细胞做成的，人类的肌肉细胞是细长的条状。将这些条状的肌肉细胞合在一起就形成了肌肉。接收到神经细胞传递来的指令后，这些肌肉细胞就会收缩或者松弛，人就动起来了。”

“啊，你看，这些肌肉旁边有电话线呢，电话线里还有电流呢。”

“那些是神经啊，是模仿人类的神经细胞做成的。”

“神经细胞？神经细胞里也有电流吗？身体里有电流不会有危险吗？”

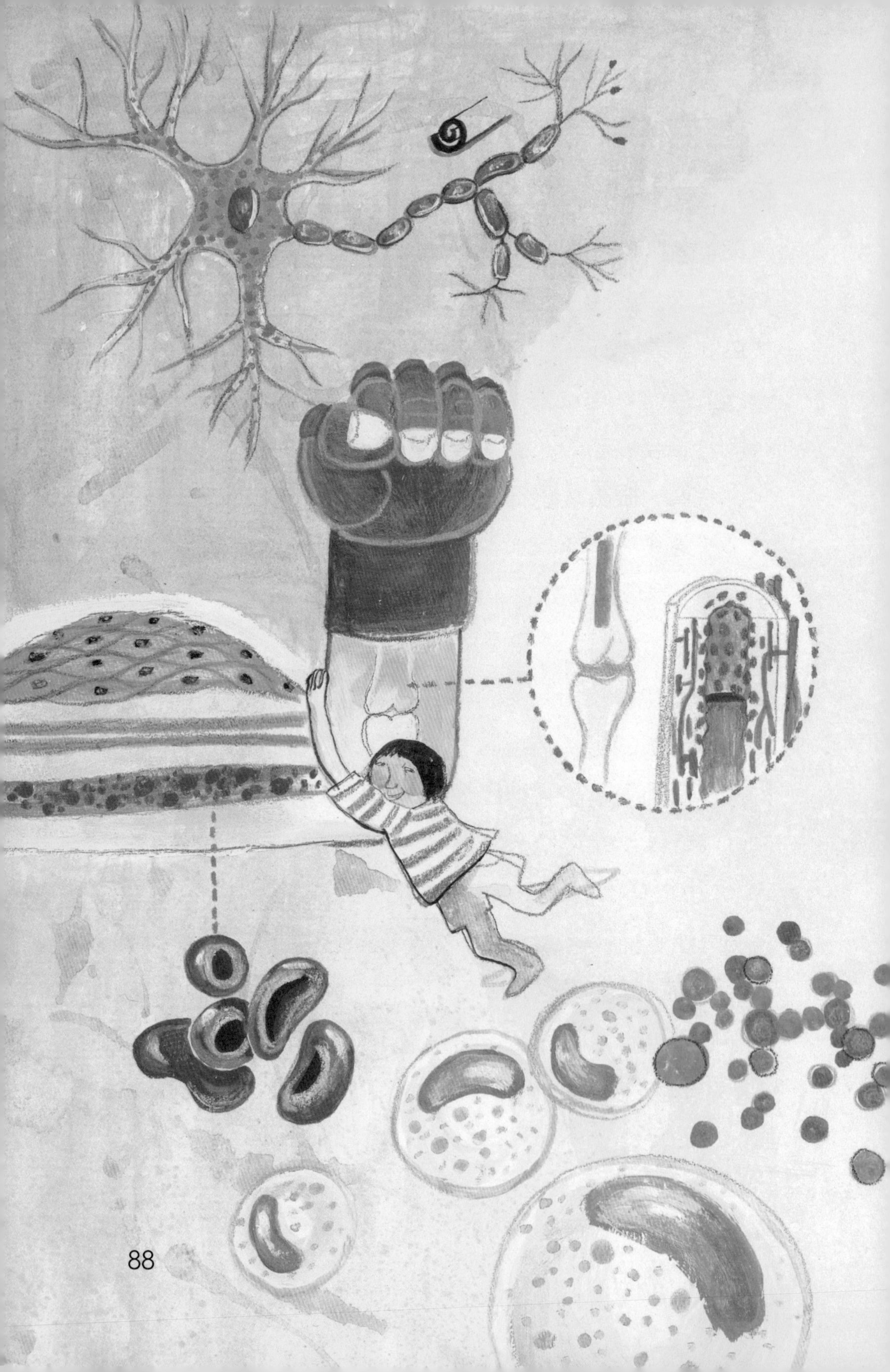

“虽然电流过大会让人受伤，但如果神经里没有电流的话，人就无法运动了。神经细胞就像连接着大脑和身体各部分的电话线，正是神经细胞把大脑的各种指令传达到了身体的各个部分，使其运动起来。”

“哇，好神奇啊，身体里竟然也有像电话线一样可以传输信号的物质呢。”

说着，振石又仔细观察起机器人来。

“这个中间有软管呢，里面有像水一样的物质在流淌着，那是什么啊？”

“那是燃料管啊，机器人也需要能量才能运转呀，这个和人类身体里的血管类似，血管里是有血细胞的。”

“血细胞？血里还有细胞吗？”

“你没听说过红细胞、白细胞吗？血之所以是红色的就是因为有红细胞的缘故啊。营养成分要变成身体所需的能量是需要氧气的，而红细胞是用来运送氧气的，所以没有红细胞我们就活不了了。而白细胞是我们身体的守卫者，当细菌进入我们的身体时，它就会与细菌战斗。啊！啊！不能那样！”

振石不小心弄破了燃料管，可是燃料管里的液体流出一些后就凝结了。

“哇，真是太神奇了！伤口居然自己堵住了啊。”

“这都是幻象。而且弄坏机器人不重要，重要的是伤口是自己堵住的，你知道这是为什么吗？因为那个燃料管里有血小板，所以会自己结痂。”

“血小板？”

“是啊，你的皮肤擦破时会结痂也是因为有血小板。因为血小板有遇到空气就凝结的特性。如果没有血小板，伤口就不能愈合，就会血流不止。”

“哦。你为什么不给机器人加外壳呢？”

“也是啊，有了外壳看着就会更有模有样了，而且冬天也不会挨冻，但是像人类皮肤一样坚韧而又保温的材料很难找到啊。”

“人的皮肤有那么厉害吗？”

“当然啦！皮肤就是人体的防御墙，这种防御墙是

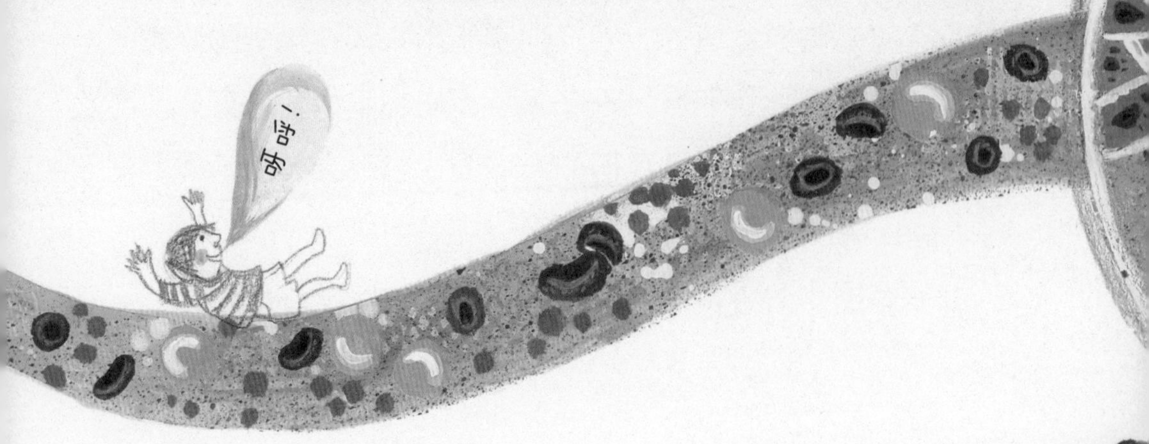

最好的。人体总会遇到病毒、细菌，如果没有皮肤的防御，人类就不可能在细菌的不断进攻下存活下来，是皮肤细胞紧密地围在一起保护了人体。你摸摸，皮肤是不是既有弹性又坚韧啊？就因为这样，所以才不容易出现伤口。”

“哇，好厉害啊。红精灵哥哥也发明一个这样的皮肤给机器人吧。制作完成以后一定要给我看哦。”

“好，一定给你看。今天这么乖地听完故事，就奖励你一块积木吧。你去看看里屋的床底下，就会有所发现了。”

振石想象着红精灵的机器人完成的样子，回到自己的房间，找出床下面的积木，拼到了精灵的脸上。

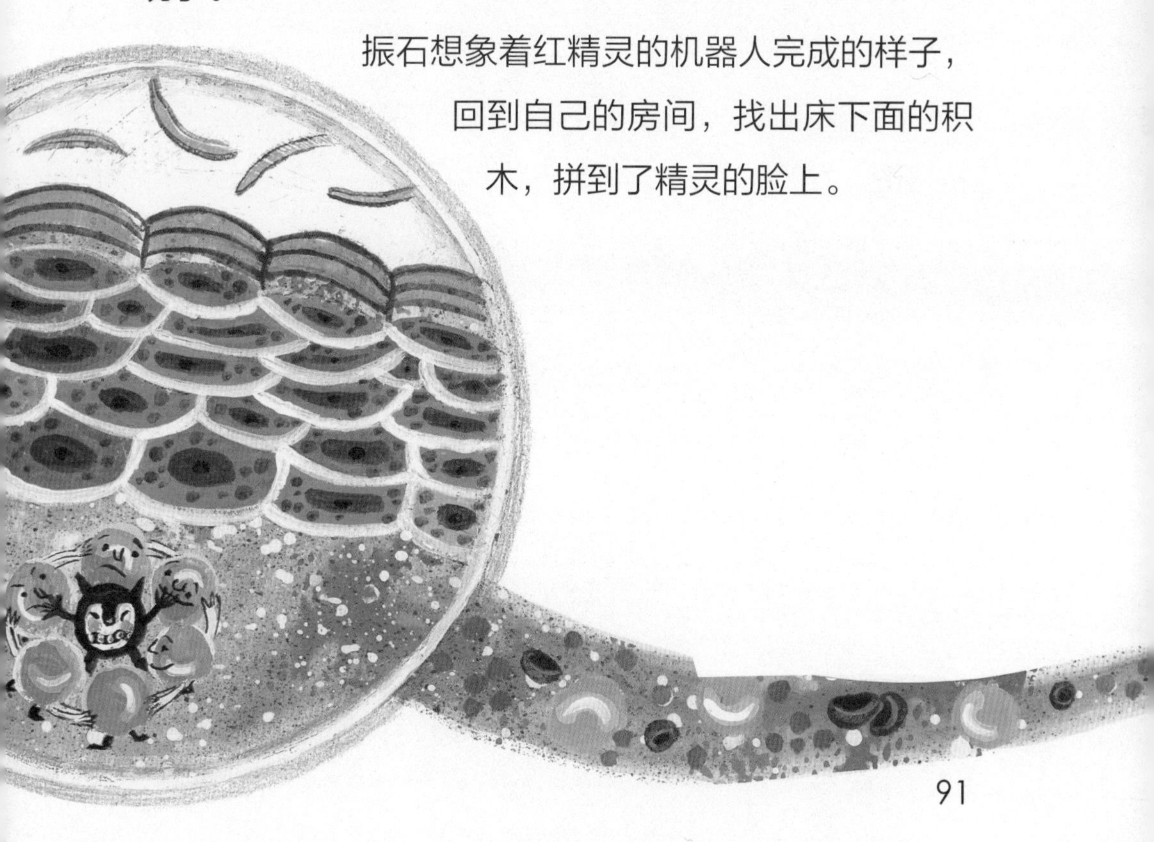

分成两半的精灵世界·体细胞的分裂

深夜，振石的房间里响起了奇怪的声音。“青角！你不能走！”

原来是红精灵在说梦话，睡得正香的振石被红精灵吓醒了。

“青角！你不能走！”

精灵脸那儿还是继续传出红精灵的声音。振石很担心，于是捧着精灵脸摇晃着。只听“嘭”的一声，红精灵从精灵脸里冒了出来。

“青角！呃？什么啊，是梦吗？这里是振石的房间啊。”

“你做的是什么梦啊，叫得那么大声。”

“是噩梦啊，以前我和我最好的朋友分开了。我今天又梦到了我们分开时的情景。”

“啊，那你的那个好朋友是叫青角吧？你们为什么会分开呢？”

“因为精灵世界分裂了。那还是我念精灵学校时的事情呢，要是没那个精灵会议，也不会……”

“分裂？精灵会议？我不明白你在说什么，你能说得再仔细点儿吗？”

红精灵沉默了很久之后，终于开口了：

“精灵世界也像人类世界一样，精灵数量一直在增长，而且增长速度比人类世界还要快。正因为如此，在精灵世界生活变得越来越困难。路上的精灵太多，以至于走路都很难；汽车太多，以至于燃料都不够用了。虽然我们试着扩大精灵世界，但因为管理不善，出现了更大的问题。最糟糕的是，精灵世界的城门都被堵住了，连出入城

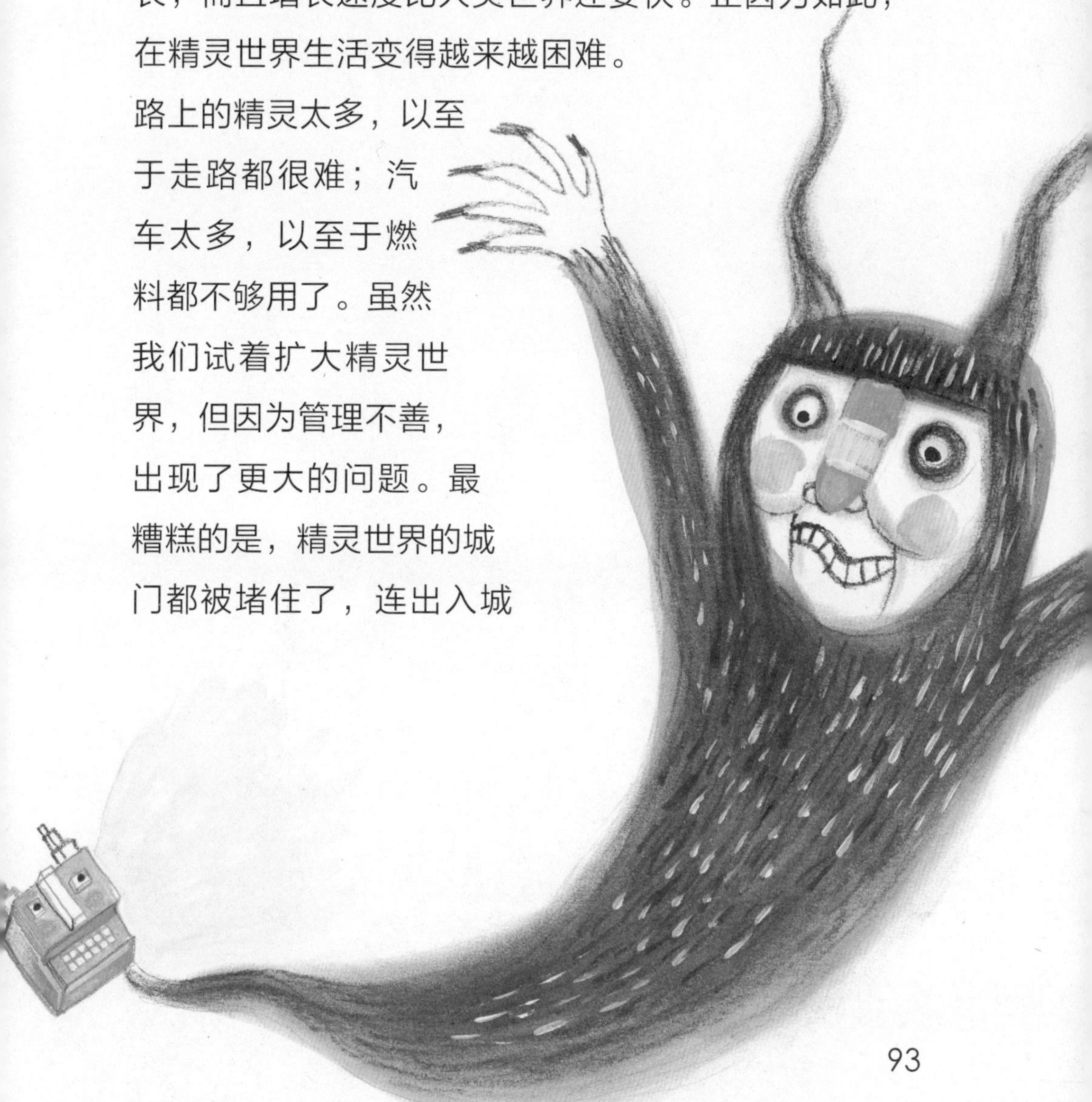

门都很困难了。”

“精灵世界也像一些大城市那样堵车吗？”

“在精灵世界一分为二之前就是那样的。其实，将精灵世界无限扩大的想法是不现实的。为了解决这个紧迫的问题，以管理精灵为首的各家族代表聚在一起召开了精灵会议。”

“我是第一次听说精灵还开会呢。”

“不管怎么样，这么多精灵是不可能同在一个精灵世界里生活了，所以有的精灵提议将精灵世界扩大，并分成两个。因为相比一个超大的村庄来说，两个稍小的村庄是比较好管理的。精灵世界扩大后将其一分为二，精灵们就不用再在拥挤、狭窄的地方生活了，很多问题也就

迎刃而解了，但也随之而来出现了一些问题。”

“那样的话，红精灵就不得不和好朋友分离了，是吗？”

“是啊，因为精灵世界一分为二，精灵学校也分成了两个。遗憾的是，我和青角被分到了两个不同的世界，分离的时候，我们抱在一起哭了好久呢。”

“那是你们最后一次见面吗？”

红精灵用手擦着眼泪，抽泣着继续说道：

“其实，当时我是可以再见到青角的。但因为学校的功课太紧张，我根本没有时间到另一个精灵世界去。毕业后我虽然去了那里，但是不凑巧，青角为了教训不听话的孩子到人类世界去了。虽然现在我在人类世界，但我却不知道青角在人类世界的哪个角落，而且我自己的灵魂还被积木分散了……”

“和好朋友失联了，真是一件很遗憾的事情。但是，既然好朋友也在人类世界，你们总有一天会见面的嘛。”

“但愿吧！要是能见一面该多好啊！细胞像精灵世界一样也是会分裂的。那里有很多生离死别的细胞器呢，好可怜啊。”

“细胞也会把自己一分为二吗？细胞就是这样增多的吧？”

“是啊，细胞也会把自己变成两个，既然说到这里了，就给你出道题吧。这次你就了解一下关于人体细胞分裂的知识吧。”

第二天一大早，振石就冲到妈妈的房间里。

“妈妈，今天我想了解人体细胞分裂的知识。”

“嗯，你是说体细胞分裂吧？”

“体细胞分裂？体细胞是什么啊？分裂就是裂开的意思吗？”

“那个‘体’就是身体的意思，组成身体的细胞分裂叫体细胞分裂，体细胞分裂后就会出现两个完全相同的细胞。”

“啊，我记起来了，妈妈以前说过受精卵会为了增加细胞的数量而分裂。但是，体细胞为什么要分裂呢？”

“首先是为了防止细胞变得过大啊。细胞也会像振石一样慢慢长大的。细胞长得太大，管理起来就会比较困难，也不容易传输氧气、养分等物质，所以要进行分裂。”

振石听着妈妈的话，不由得想到了因为太大、太拥挤而不好管理的精灵世界。

“还有，分裂也是为了使身体变得更大。上次我不是和你说过大象的细胞比老鼠的要多吗，振石在成长过程中，身体的细胞数也在增多。所以，振石身体里的体细胞也会努力地分裂。”

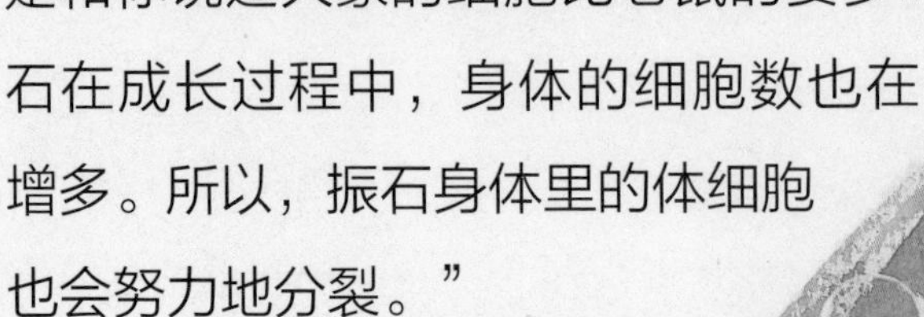

“那现在妈妈的身体不用长大了，体细胞也就不

体细胞的分裂

①分裂间期：是为细胞分裂而准备的时期。细胞核内的遗传物质会变成原来的两倍，而且核膜和核仁形态非常明显。
②分裂前期：核膜和核仁消失，并产生纺锤体和染色体。
③分裂中期：染色体移到细胞中央，并与纺锤体相连。
④分裂后期：染色体被纺锤体牵引到细胞的两极。
⑤分裂末期：形成两个子细胞，核膜和核仁再次出现。

再分裂了吗？”

“妈妈身体里的细胞也在分裂，因为细胞是不会永远活着的，人类的身体中每天都有一批衰老细胞死亡，为了替代死掉的细胞，细胞就需要分裂产生新细胞。”

“哦，是这样啊。那身体里的细胞分裂得越快越好喽，那样身体才会长得快嘛！”

“无条件快速分裂是不好的。有些坏细胞会分裂很多，影响别的细胞，并让人体得病，比如癌细胞。癌细胞会不停地分裂形成肿瘤。身体里癌细胞过多，人就会因此死掉的。”

“那就是体细胞分裂得要适当喽。那我想快快长大，想要让体细胞分裂快些，该怎么办呢？”

“细胞是自己分裂的，振石如果想让细胞分裂变快，只要保证每天吸收充足的营养物质就行了。想快快长个儿就要多喝牛奶、多吃饭、不挑食，而且还要多运动。振石以后不会挑食了吧？”

“当然！”听了这话，振石下决心再也不挑食了。

那天晚上，红精灵告诉振石，有一块积木藏在衣柜的被子里。振石按照红精灵说的，很快就找到了那块积木，并拼在了精灵脸上。

分成两半的细胞

看！精灵大王送我的礼物，是汽车模型零件。

哇，我也要组装。

啊？只给我两个轮胎和一半的车身怎么组装啊，难道组装半辆汽车吗？

我是严格地分成两份了哦，没办法！

这和体细胞的分裂过程是一样的，卵细胞的分裂就是由一个细胞分成两个一模一样的细胞。

是啊，那刚才把零件分成两份可以看作是减数分裂了。

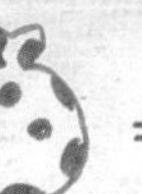

减数分裂是一个细胞分裂为只具有原来一半的遗传信息的两个子细胞的过程。DNA、基因和染色体都变为原来的一半。进行减数分裂的细胞有精子和卵子。

减数分裂后的精子和卵子见面后又会变成一个新的细胞。

代代相传的宝物·染色体

就在振石将积木拼到精灵脸上的瞬间，红精灵说话了：

“谢谢你啊，现在只剩下最后一块了。”

红精灵高兴地出现在振石面前，笑着说：“好，这次就是最后的问题了。我也好想早点儿回去，这次就出一个简单的问题吧！”

振石突然觉得眼前一片漆黑，随之而来的就是一阵眩晕。不一会儿，管理精灵出现在振石的眼前。

“是管理精灵啊，它好像生病了，而且苍老了许多，脸也瘦得不成样子了。”

老管理精灵并没有搭理振石。看样子，老管理精灵听不到振石说的话。它将年轻的管理精灵叫到面前说：

“看来我的日子不多了，我走之前，有些东西要交给你，这是我们精灵世界代代相传的宝物。这件宝物控制着整个精灵世界的命运，你要好好保管。等你老了，你也要把它交给你的继任者啊！”

老管理精灵用手摸着肚脐周围，随后抓住了线团的一头，使尽最后一点儿力气将那个线团拿了出来。振石看到这个情景，笑了出来，心想：什么啊，竟然说线团是宝物。

只见年轻的管理精灵恭敬地用双手将线团接了过来，随后将那线团一口吞了下去。线团在年轻的管理精灵那半透明的肚子里安了家，随后，老管理精灵就咽下了最后一口气。年轻的管理精灵握着老管理精灵的手，伤心地哭了起来。

这时，振石觉得眼前的画面突然快得像电影在快速回放似的。

“晕……好晕啊……”

振石觉得眼前的时间过得非常快，仿佛回到了精灵世界遥远的过去，管理精灵们将线团作为宝物代代相传着，最后宝物传到了上次参观精灵世界时振石看到的管理精灵那里。管理精灵正将线团恭敬、谨慎地收藏在肚子里。

“看好了吗？这次问题的提示就是，我们精灵世界代代相传的宝物是那个神奇的线团。振石也有祖上传下来的非常珍贵的宝物，你去弄清楚那个宝物是什么吧。”

“宝物吗？我们家的宝物也就是妈妈的金戒指之类的啊。”

“不是那种金饰品，那件宝物在你身体里，就是像线团一样的东西。”

“我身体里的线团？我不明白，可以再给我点儿提示嘛。”

“到现在为止，你的问题回答得都很不错，继续保持吧。”

“不要这样，再给一点

儿提示吧。”

但是，红精灵很快就消失在精灵脸里了。

“我身体里的线团？什么意思？我要放弃这个问题。”

“臭小子，你想让我一辈子困在这里吗？这是最后一个问题了，努力一下吧。”

振石被红精灵突然出现的声音吓了一大跳。

“知……知道了！解决就是了嘛。可是太难了，再给点儿提示啊。”

但是，红精灵又没有声音了。

“解决了这道难题你就可以回到精灵世界了，不会回来了，是吗？那我就不回答最后一道问题了，你就这样待在我们家不行吗？”

“臭小子，让你去弄清楚你就去好了，哪儿来那么多废话！虽然我也不想离开你，但精灵世界还有我的家人在等我啊。”

听到这话，振石不由得伤心地大哭了起来。

“不要走啊！你是讨厌我吗？和我一起在这里生活吧。我是绝对不会回答最后的问题的。呜呜……”

听到振石的哭声，妈妈连忙跑到振石的房间：

“振石，出什么事情啦？”

振石看到妈妈进来了，立刻止住了哭声。

“不是的，什么都不是……”

“什么不是，你看你这眼泪，为什么哭啊？说实话。”

振石吞吞吐吐地不知道该如何回答。

因为红精灵的警告，振石不敢说实话。

这时振石又看了看妈妈，突然下定了决心：如果我和家人分开的话，一定一天也过不下去，不能抓着红精灵不放，要把红精灵送回精灵世界去。

振石用衣袖擦干了眼泪。

“妈妈，听说我身体里有件宝物，长得像线团似的，而且还是代代传下来的。那宝物是什么啊？”

妈妈看了看振石，心想：这孩子哭了半天，怎么突然问这么奇怪的问题。

染色体： 细长的DNA卷在一起形成的线团状物质就是染色体。由于它用染色剂着色后在显微镜下观察最为明显，所以叫它染色体。染色体储存有很多遗传信息。

但妈妈还是仔细地想了想振石的问题。

“线团？宝物？还在身体里？要说像线团的，应该是染色体吧？”

振石的眼睛闪过兴奋的光芒。

“染色体？染色体是什么啊？和染色药水有关系吗？”

“嗯，不错，在细胞上滴些染色药水后，染色最明显的部分就是染色体了。”

“那染色体是做什么的呢？”

我身体里有这样的东西。

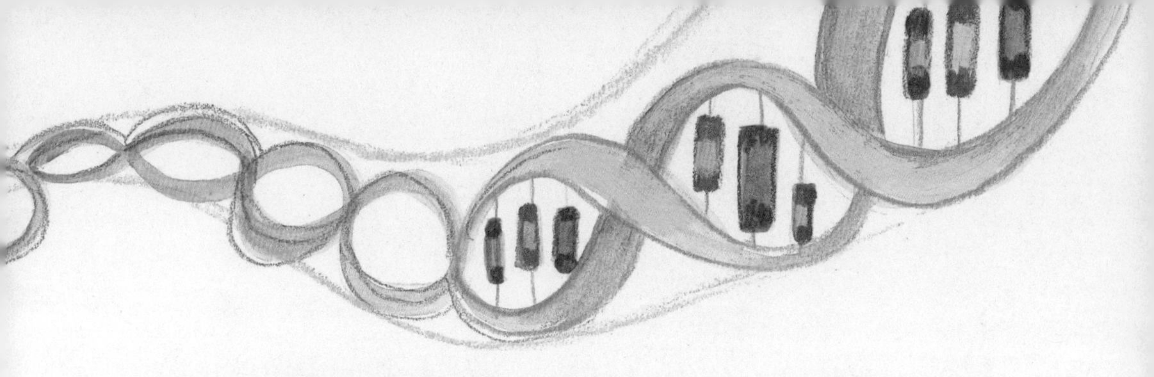

“染色体是细胞核中包含着遗传信息的载体，因为染色体里有基因。”

“那双眼皮基因和卷发基因都是在染色体里的吗？”

“是啊，人类一共有46条染色体，其中，有22对常染色体和2条性染色体。”

“什么是性染色体啊？”

“就是决定男女性别的染色体，男人是XY，女人是XX。”

“那线团又和染色体有什么关系呢？”

“啊，染色体是由DNA组成的，而DNA又像线一样细长，DNA卷啊卷啊，卷在一起就成了染色体了，像线团似的。”

“那为什么染色体是宝物呢？”

“振石长得像爸爸妈妈就是因为基因会随着染色体传下去啊。振石身体里的染色体藏着从祖先传下来的遗

基因：储存在DNA中的遗传信息的基本单位就是基因，有双眼皮基因、卷发基因等。

传信息呢，所以是宝物啊。”

“那我的染色体也会传到我的子孙那里喽，我身体里有这样的宝贝呀，我要更加爱惜我的身体了。”

妈妈爱怜地拍拍振石的头。

“这回好了吧？不会再哭了吧？妈妈还有事情，就先出去了哦。”

妈妈一出去，振石就拿起了精灵脸。

“红精灵，我知道答案了，那个线团是染

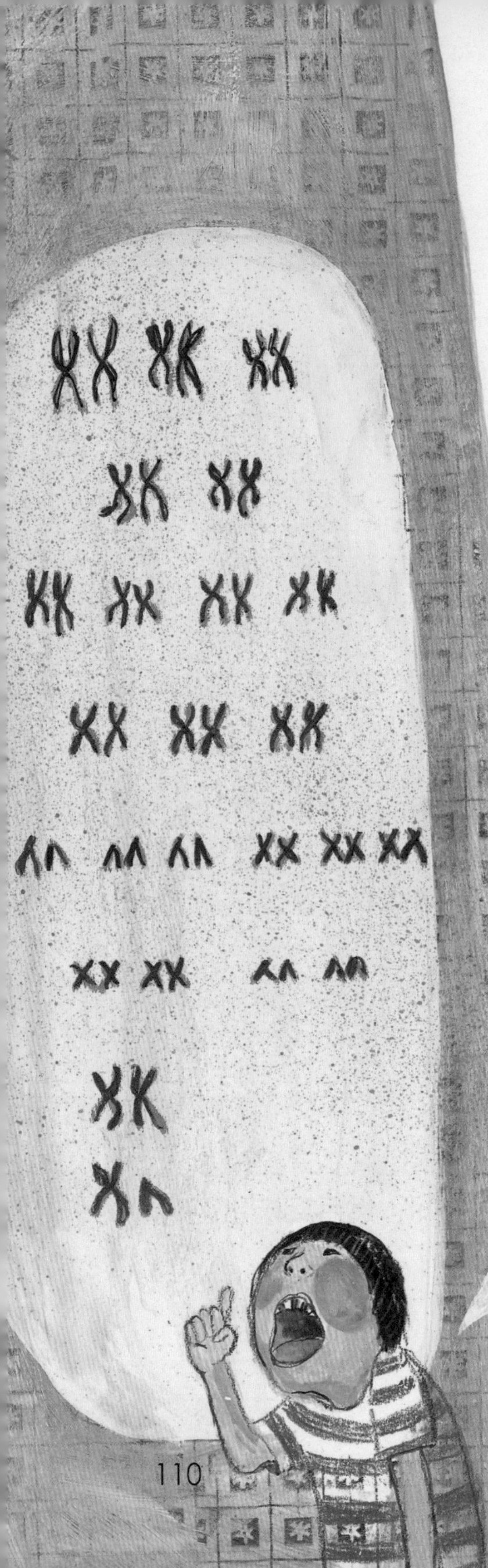

色体。”

可奇怪的是，振石没有听到任何回应。他又继续叫了几声，但是红精灵依然没有出现。

这时，妈妈正把耳朵贴在门上，偷听着振石房间里的声音。

“我就感觉奇怪嘛，这孩子有事没事就自言自语啊，原来都是因为那个精灵脸。我一定要把那个精灵脸扔掉。”

振石继续呼叫着红精灵，但红精灵一直没有出现，叫着叫着振石就睡着了。

深夜，振石的房门“吱”的一声开了，原来妈妈确定振石睡着了以后，悄悄走进了他的房间，去拿精灵脸。

哎呀，这是什么啊？妈妈吓了一跳！这个精灵脸怎么像活的一样，就像人在睡觉似的，还有呼吸声呢。虽然妈妈在精灵脸面前犹豫了一下，但最终还是战胜了恐惧，拿起精灵脸，走出了振石的房间，然后又走出了家门……

我们都是不同的·遗传和生殖

“嗯？去哪里了？我明明把它放在桌子上面的啊。红精灵，红精灵！你去哪里了啊？您要告诉我最后一块积木在哪里啊。精灵脸到底去哪里了呢。”

第二天一大早，振石就焦躁不安地在家里的各个角落搜寻。

自己的房间、妈妈的房间、书房、厨房……振石找遍了家里的每一个角落，还是没有发现精灵脸的踪影。

“妈妈，有没有看见我房间里用积木拼成的精灵脸啊？”

“不知道啊，好好找一找，可能掉在哪个角落里了吧。”

振石也怀疑过精灵脸是不是被妈妈拿走了，但是妈妈非常肯定地说不知道，振石也没什么办法。

精灵脸消失后，红精灵再也没有出现过。振石常常独自在小区里转悠，苦苦地寻找精灵脸。

时间过得很快，暑假结束了。

振石在红精灵消失后，又变成了喜欢发脾气的孩子，而且和妈妈的关系也疏远了。

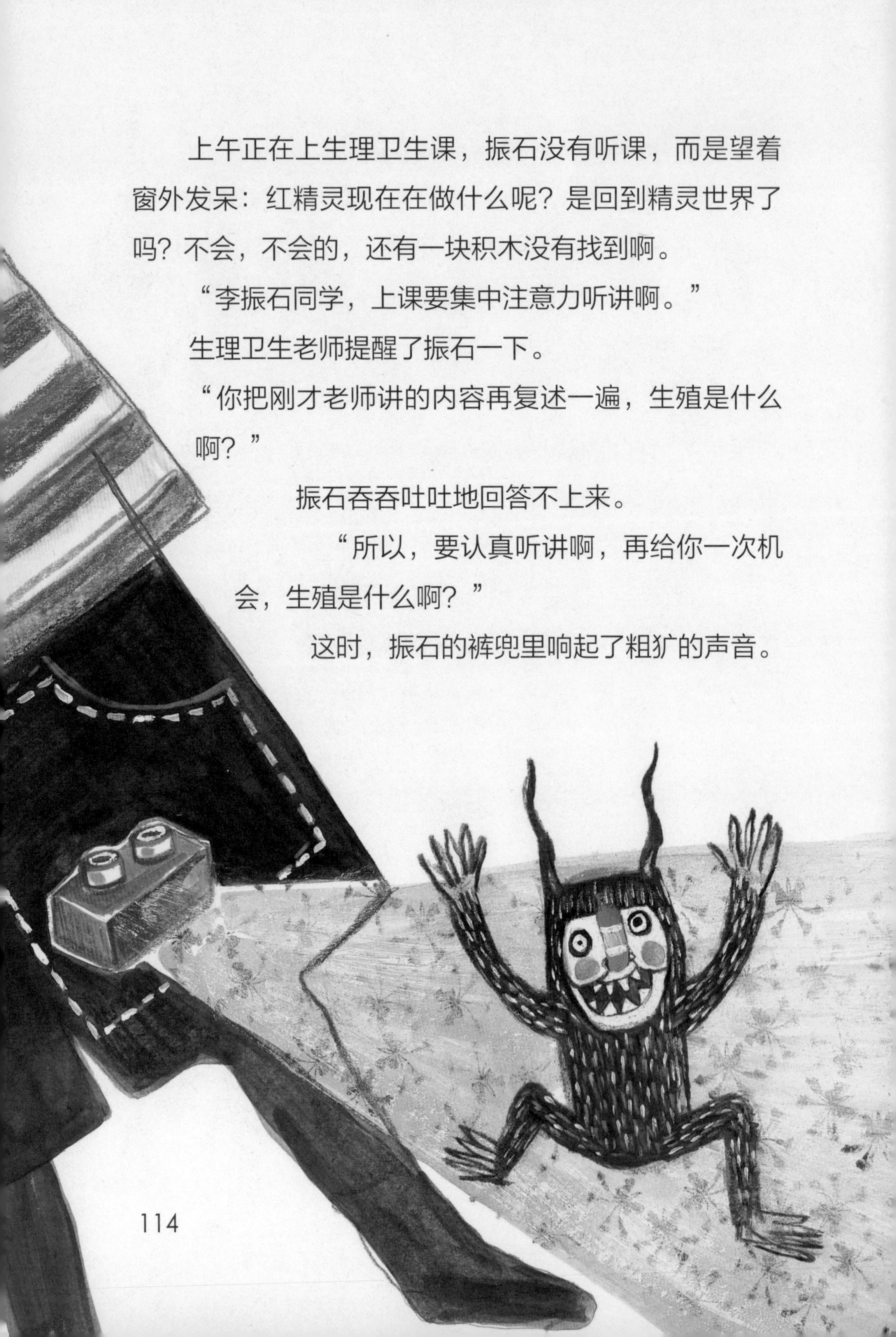

上午正在上生理卫生课，振石没有听课，而是望着窗外发呆：红精灵现在在做什么呢？是回到精灵世界了吗？不会，不会的，还有一块积木没有找到啊。

“李振石同学，上课要集中注意力听讲啊。”

生理卫生老师提醒了振石一下。

“你把刚才老师讲的内容再复述一遍，生殖是什么啊？”

振石吞吞吐吐地回答不上来。

“所以，要认真听讲啊，再给你一次机会，生殖是什么啊？”

这时，振石的裤兜里响起了粗犷的声音。

“快说，是雄性和雌性交配的过程。”

啊，是红精灵的声音！振石太高兴了，立刻把手伸进了裤兜里一摸，原来是他曾经拿到哲民家的那块积木。

振石看了看周围，好像老师和同学们都没有听到红精灵的声音。

振石立即把红精灵说的答案说了出来。

“虽然和老师说的不一样，但意思是正确的。这次就算了，以后一定要注意了。”

生理卫生老师回到了讲台上。

振石悄悄地问红精灵：

“怎么回事啊？你怎么到这里来了？这段时间你都去哪里了啊？”

“小子，不要一次问那么多问题啊。这期间的事情说来话长。既然还有一块积木没找到，那我就再问一个问题吧。”

“那个不是上次问题的奖励吗？”

“中间不是被你妈妈打断了吗，无效了。生育、繁殖有什么好处？或者说你和父母的身体不一样有什么好处？快回答问题吧！没有时间了，别废话。”

“在这里吗？这里是学校啊。”

“不是有生理卫生老师嘛，问她就好了，快点儿按我说的做。”

“好，我知道了。”

振石听到红精灵的问题后，就高高地举起了手。

“老师，进行生育、繁殖的好处是什么呢？”

“那当然是可以生育可爱的小宝宝啦。”

“不是的，人的基因不是会遗传吗，虽然我是因为遗传才和爸爸妈妈长得像的，但是我和他们总是有一些不同啊，像这样和父母有些不同有什么好处呢？”

看老师的样子，似乎一直很期待同学们能提出这类问题。

“大家虽然都得到了爸爸一半的染色体和妈妈一半的染色体。但是，兄弟姐妹都会有一些不同。除了同卵双胞胎和克隆人外，是没有谁和你具有完全相同的染色体的。所有的生物都是不同的，这本身就是遗传和生殖的好处，这就是生物的多样性。”

这时一个同学问道：

“为什么所有人不一样是好的呢？”

“想象一下，地球上流传着一种可怕的传染病。

我有世界上
独一无二的
身体。
XY
XX
XX
XX
XY
XY

如果全世界的人对传染病的抵抗力都很弱，会出现什么情况呢？所有人都会生病死掉。但是，如果每个人都是不一样的话，其中一定会有一些人对传染病的抵抗力很强，所以，人类就不会被全部感染。正因为人体多样这个特点，人类才能适应多变的环境。”

另一个同学又好奇地问道：

“忍者神龟和蜘蛛侠是怎么出现的呢？他们的爸爸妈妈都很平凡啊。”

“那是基因突变。子女和父母有差异，随着时间的流逝，这些差异是不是会越来越大呢？这个过程就叫进化。基因突变是指生物在漫长的进化过程中遗传物质——DNA——突然变化的情况。例如，白色的乌鸦就是基因突变的结果。但是，老师认为像蜘蛛侠那样的传奇人物，在现实生活中是不太可能出现的。”

那个同学不禁流露出失望的表情。这时，下课铃声响了起来，老师说：

“今天的课结束了。在座的各位同学都是独一无二的，这个世界上不会有任何一个人和你们一模一样。所以，我们要爱惜自己独一无二的身体，明白吗？”

因为知道了答案，振石很高兴，但突然有一种奇怪的感觉。回头一看，原来哲民正用异样的眼神盯着他。

但他没在意，而是对红精灵说：

“我知道答案了，快告诉我最后那块积木在哪里吧？”

“在你们家的客厅里，你打开储物箱就会找到了。对了，精灵脸在小区后面的草丛里。幸亏没被别人发现，快点儿去把最后一块拼上吧。”

振石回到家，很快就找到了最后一块积木，然后又找起精灵脸来。

振石找遍了草丛，最后在一个草堆里发现了精灵脸。

“快点儿拼上，别让别人看到了。”

振石将兜里的积木拼了上去。

“我就知道……”

振石吓了一跳，回头一看——哲民正生气地盯着他。

再见，红精灵

哲民气坏了，喘着粗气嚷道：

“你见到了精灵！你这个骗子！快给我10张数码宝贝卡。”

哲民气势汹汹的，好像马上就要和振石打架似的。振石吓得直发抖。

“不能给你，我没见过精灵。我只是过来找被妈妈扔掉的玩具。”

“骗人！刚才我在学校还听见精灵帮了你的忙。”

振石不由得担心起来，心想：他是怎么知道的呢？谁也看不到红精灵啊。

“我也用有精灵灵魂的积木拼了精灵脸，所以我也能看到精灵，而且能听见精灵的声音。”

“你也看到过真的精灵吗？”

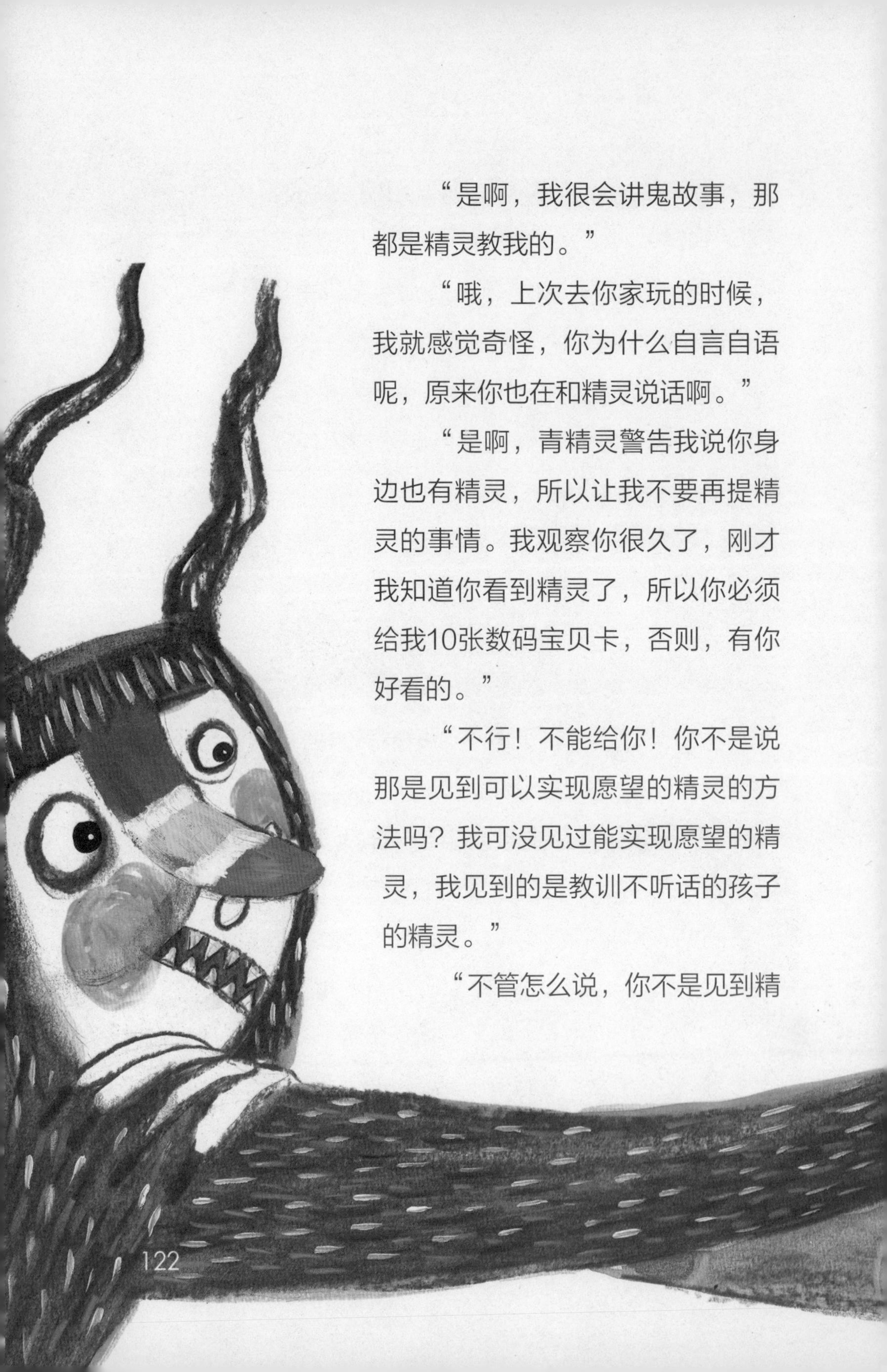

“是啊，我很会讲鬼故事，那都是精灵教我的。”

“哦，上次去你家玩的时候，我就感觉奇怪，你为什么自言自语呢，原来你也在和精灵说话啊。”

“是啊，青精灵警告我说你身边也有精灵，所以让我不要再提精灵的事情。我观察你很久了，刚才我知道你看到精灵了，所以你必须给我10张数码宝贝卡，否则，有你好看的。”

“不行！不能给你！你不是说那是见到可以实现愿望的精灵的方法吗？我可没见过能实现愿望的精灵，我见到的是教训不听话的孩子的精灵。”

“不管怎么说，你不是见到精

灵了吗？那你就应该给我10张数码宝贝卡！”

“不给，不给。”

“敬酒不吃，吃罚酒！没办法了，青精灵大哥，帮我教训一下这小子吧。”

此时，哲民后面出现了比红精灵长相更凶的青精灵，这个精灵不仅皮肤是青色，就连角都是青色的，青精灵紧握着拳头向振石走来。

“不快点儿拿出数码宝贝卡，小心我把你的脸打得像被马蜂蜇了那样肿！”

“不给，当时我和哲民约定的不是这样的，绝对不能给，红精灵，帮帮我啊！”

振石吓得后退着，不小心把精灵脸掉在了地上。

就在这时，红精灵像闪电一样从精灵脸中跑了出来，抓住了青精灵的衣领。

振石想着：红精灵一定会好好教训青精灵的。

他期待红精灵能将青精灵打倒，这样哲民就不敢再欺负他了。

但是红精灵将举到一半的拳头放了下来，青精灵也用诧异的眼神看着红精灵，随后它们同时叫了起来：

“是你！”

伴随着惊叫声，两个精灵紧紧地拥抱在一起。

振石和哲民两个人都被搞糊涂了。

这到底是怎么回事？红精灵是不是被青精灵用魔法控制了啊？那可惨了。振石怕两个精灵一起攻击自己，吓得直发抖。

两个精灵互相拍打着对方的后背高兴地大笑着。

红精灵抓着青精灵的手首先说道：

“真是好久不见啊。”

“是啊，真的感觉很久了啊，可是你好像一点儿也没变啊。振石身边的精灵竟然是你啊，真的吓了一跳。”

“是啊，青角，我也没想到能在这里见到你啊。”

听到“青角”这个名字，振石鼓起勇气问红精灵：

“青角？就是红精灵小时候的那位朋友吗？”

“是啊，你看这个青色的角不就看出来了吗，就因为它的角是青色的，我们才叫它青角。精灵世界分裂后，我还是第一次见到它呢。”

青精灵摸着振石的头说：

“刚才对不起哦，早知道你身边的精灵是红颜，我就不会那样吓你了。见到老朋友真是太高兴了，我都高兴得想跳舞了。”

哲民不高兴地说：

“可是，青精灵。他还没给我数码宝贝卡呢！”

“那不是说好只有见到能实现愿望的精灵才给的吗？”

红精灵仔细想了想，说：

“振石见是见到了精灵，但不是可以实现愿望的精灵，所以相当于你的办法只有一半灵验。振石，你就给他5张数码宝贝卡吧，可以吗？就这样决定了，你们两个人握手言和吧。”

哲民和振石虽然还是有些不开心，但还是听话地握手言和了。一看到这两个人和好如初，两个精灵都愉快地喊道：

“今天见到老朋友，真是高兴得不得了，一定要跳舞才行。”

青精灵背起哲民，红精灵背起振石，快乐地跳起舞来。振石虽然心疼自己的5张数码宝贝卡，但是看到两个精灵高兴的样子，自己也高兴了起来。

“什么，振石！这是怎么回事？你怎么飘在空中了？”

不巧振石的妈妈下班回家看到这一幕，吓得喊了起来。一听到振石妈妈的声音，红精灵和青精灵马上就消失了。

哲民向振石妈妈鞠了个躬后也跑开了。振石看到只剩下了自己，慌得不知怎么好了。

“妈妈，这么快就回来了啊？下班很早啊。”

“是啊，不说这个，你怎么会飘在空中？这是怎么回事，快点儿告诉妈妈。”

妈妈催促着振石，但振石就是不回答。妈妈无可奈何，只好把振石带回了家。

回到家里，确定别人不会看到后，红精灵就出现在了妈妈面前。妈妈惊叫起来。

“请不要害怕，我是振石的朋友，刚才背着振石的就是我。振石妈妈，你因为没有拼过积木，看不到我，所以才会看到振石好像飘在空中似的。”

振石妈妈被吓得说不出话来。

“我本来是附身在振石小学一年级时玩的乐高积木里的精灵。因为振石以前不好好整理积木，所以散落了很多。去年他又收到了新的积木玩具，就把以前的忘得一干二净了。那时，精灵大王对我下达了一个命令，要我去教训不好好爱惜自己物品的振石，所以我才会到你们家里的。”

振石问道：“那你为什么没有教训我呢？”

“小子，我见到你的第一天不是教训过你了吗？把你变成积木了啊。”

“那是为了教训我啊，我还以为是为了给我提问题呢。”

“教训你之后，我就担心怎么回到精灵世界。因为积木四处散落，所以我的灵魂也分散了，我是为了得到你的帮助才向你提问题的。”

“那为什么要问我关于细胞的问题呢？”

“我们精灵也会为了了解人类和如何与人类相处而研究人类。我负责的是研究人类的细胞和遗传的。”

“难怪你对细胞和遗传的知识那么熟悉呢。”

“是啊，还有什么问题吗？”

“刚才青精灵好像叫你‘红颜’，您的名字是红颜吗？”

“嗯，因为我的脸是红色的，所以叫红颜。好了，差不多到我该回去的时候了。振石以后也会爱惜自己的物品了吧？”

“嗯，知道了。可是红精灵，能不能不回精灵世界，和我们一起生活吧！”

“精灵世界还有我的家人在等着我，我要早点儿回去。”

“真的要回去吗？不回去不行吗？”

“你不要这样，我会舍不得的，我得赶快走了。再见了，振石妈妈，您也要保重哦。”

随着“嘭”的一声，红精灵化成一缕烟消失了。振石急急忙忙跑到小区后面的草丛里，拿起了还躺在那里的精灵脸。

可是精灵脸的绿色眼睛已经没有一丝光芒了。

“再见了，红精灵……”

振石坐在那里伤心地哭了起来……

又见红精灵

秋天到了，振石一家决定去动物园游玩，因为在那里既可以欣赏漫山遍野的枫叶，又可以观赏可爱的动物。

动物园里有很多人，声音十分嘈杂。

“妈妈，我觉得狮子是世界上最帅的动物。”

振石一家来到关着狮子、老虎、豹子的猛兽区。

“哇，这里就是狮笼啦。马上就能见到凶猛的狮子了吧？”

但是狮笼空空如也，没有一只狮子。

“妈妈，好失望啊。狮子在哪里啊？怎么一只狮子都见不到啊？”

妈妈指着树荫下面说：“都在树荫下面睡觉呢。”

“哦！这是怎么回事？狮子怎么都像小狗一样，露着肚皮睡大觉啊。”

妈妈笑着拍了拍振石的头说：“狮子一天要睡18～20个小时，也就是说，狮子一天大约只有4个小时捕猎、吃饭，剩下的时间都用来睡觉。”

“狮子真是大懒虫。”

狮笼旁边就是虎笼。在虎笼里的一块岩石上，正趴着一只威风凛凛白虎。

“哇，是白虎啊！那白色的皮毛就像白巧克力似的，黑色的条纹也像黑巧克力一样啊。”

“什么？竟然说老虎毛像巧克力，乐死我了。”

妈妈被振石的话逗得哈哈大笑。妈妈可能因为看老虎看累了，于是走到旁边的豹笼那儿。可振石的视线无法从白虎身上移开，因为白虎好像有什么话要说似的紧盯着振石。看了半天，白虎竟然开口说话了。

“振石，是我。”

听到白虎说话，振石吓得马上看看四周，但是周围只有他自己一个人。

“振石啊，是我啊！这么快就忘了我的声音啦，我是红精灵啊。”

“啊？红精灵？怎么是你啊？”

“当然是想你啦！我请求精灵大王，允许我到人类世界来，为了不引起注意，我才变身成白虎的。”

“帅呆了！你很威风啊！”

“是吗，谢谢你这么说啊！我就想看看你和妈妈过得怎么样了。看到你刚才还和妈妈开玩笑，我就没什么可担心的了。嗯，我放心了。我还很忙，我要回精灵世界了，因为要做的事情真是太多了。”

振石失望地说：

“这么快啊？你这次回去是不是再也不会回来了啊？”

“不是的。精灵大王允许我在精灵世界和人类世界之间自由往来。”

“那以后就可以常常见面了？”

“是啊，以后累了或者遇到麻烦的时候就叫我吧。‘哈库拉玛塔塔’，只要拿着精灵脸念咒语就可以了。”

“嗯，知道了。哈库拉玛塔塔。”

白虎从石头上跳下来，走进了阴影处。随着“嘭”

的一声，白虎消失了。

这时，摆放在振石书桌上的精灵脸的绿色眼睛又开始闪闪发光了……

图书在版编目（CIP）数据

红精灵，什么是细胞啊 /（韩）裴净吾著 ；千太阳译. -- 长春 : 吉林科学技术出版社，2020.1
（科学全知道系列）
ISBN 978-7-5578-5044-9

Ⅰ. ①红… Ⅱ. ①裴… ②千… Ⅲ. ①细胞－青少年读物 Ⅳ. ①Q2-48

中国版本图书馆CIP数据核字（2018）第187574号

吉林省版权局著作合同登记号：
图字 07-2016-4722

红精灵，什么是细胞啊 HONGJINGLING, SHENME SHI XIBAO A

著 [韩]裴净吾
绘 [韩]金住京
译 千太阳
出版人 李 梁
责任编辑 潘竞翔 杨超然
封面设计 长春美印图文设计有限公司
制 版 长春美印图文设计有限公司
幅面尺寸 167 mm×235 mm
字 数 65千字
印 张 8.5
印 数 1-6 000册
版 次 2020年1月第1版
印 次 2020年1月第1次印刷

出 版 吉林科学技术出版社
发 行 吉林科学技术出版社
地 址 长春净月高新区福祉大路5788号出版大厦A座
邮 编 130118
发行部电话 / 传真 0431-81629529 81629530 81629531
81629532 81629533 81629534
储运部电话 0431-86059116
编辑部电话 0431-81629520
印 刷 长春新华印刷集团有限公司

书 号 ISBN 978-7-5578-5044-9
定 价 39.90元
如有印装质量问题 可寄出版社调换